国家社科基金教育学一般项目"易地扶贫搬迁移民内生发展能力提升的社区教育赋能机制研究"(BKA210227);贵州民族教育示范服务平台;贵州师范学院一流学科"教育学"。

光明社科文库
GUANGMING DAILY PRESS:
A SOCIAL SCIENCE SERIES

·法律与社会书系·

社会变迁中的乡村道德失范与重构

——基于乌江流域土家族L村寨的实证研究

杨 智 | 著

光明日报出版社

图书在版编目（CIP）数据

社会变迁中的乡村道德失范与重构：基于乌江流域土家族 L 村寨的实证研究 / 杨智著. -- 北京：光明日报出版社，2022.6
ISBN 978-7-5194-6323-6

Ⅰ.①社… Ⅱ.①杨… Ⅲ.①土家族—农村—伦理—研究—贵州 ②土家族—农村—道德建设—研究—贵州 Ⅳ.①B82-092 ②D422.62

中国版本图书馆 CIP 数据核字（2021）第 181958 号

社会变迁中的乡村道德失范与重构：基于乌江流域土家族 L 村寨的实证研究

SHEHUI BIANQIANZHONG DE XIANGCUN DAODE SHIFAN YU CHONGGOU：JIYU WUJIANG LIUYU TUJIAZU LCUNZHAI DE SHIZHENG YANJIU

著　　者：杨　智	
责任编辑：梁永春	责任校对：张月月
封面设计：中联华文	责任印制：曹　净

出版发行：光明日报出版社
地　　址：北京市西城区永安路 106 号，100050
电　　话：010-63169890（咨询），010-63131930（邮购）
传　　真：010-63131930
网　　址：http://book.gmw.cn
E - mail：gmrbcbs@gmw.cn
法律顾问：北京市兰台律师事务所龚柳方律师
印　　刷：三河市华东印刷有限公司
装　　订：三河市华东印刷有限公司
本书如有破损、缺页、装订错误，请与本社联系调换，电话：010-63131930

开　　本：170mm×240mm
字　　数：215 千字　　　　　　印　张：16
版　　次：2022 年 6 月第 1 版　　印　次：2022 年 6 月第 1 次印刷
书　　号：ISBN 978-7-5194-6323-6
定　　价：95.00 元

版权所有　　翻印必究

前 言

乡村建设与发展是笔者多年来一直关注的主题，十年前在读硕士期间就选择把土家族的哭嫁习俗作为研究对象，剖析了哭嫁习俗中蕴含的女性教育元素，且硕士期间的研究始终围绕乡村教育展开。读博士期间的研究延续了硕士期间的研究方向，博士论文讨论了乡村社区成人教育组织建设问题，预判未来乡村发展需要建立稳定的成人教育组织机构，社区治理与社区教育有机融合是社区发展的方向。毕业后在博士论文的基础上进行深化，申报并获批了国家社科基金教育学青年项目"城镇化背景下西部农村成人教育组织建设研究"（CKA140127），该项目更加坚定了我研究乡村的理想和情怀，围绕乡村建设的主题，2021年再获批国家社科基金项目，这算是对我多年来探索乡村问题的付出的肯定。拙作最初是我的博士后出站报告，主要观点源于自己的乡村生活和工作体验。1999年笔者中等师范学校毕业后即分配到一所土家族村级小学任教，工作期间深切体验到土家族乡村民众在经济条件变好后对生活的迷惘，后来到省城进修，随即攻读硕士和博士学位，这期间每年寒暑假都会回到农村老家，每次回乡都有不一样的认识和体验。尤其是近十年来，笔者发现土家族村寨的村容村貌和经济条件改变很大，人们在物质充裕的同时，似乎很难找到生活应有的价值和意义，人们辛苦挣钱主要用于修建房屋、赌博和送礼。尽管有人已认识到这类问题，但似乎为融入当地社会也只能随波逐流。产生这种现象的根源是什么，到底如何解决这些问题，如何借助乡村振兴和治理体系现代化的政策东风实现传统道德的现代转型，这些问题一直萦绕在我的心头。2017年为完成博士后研究工作，我开始对此问题进行学理思考，并确定道德问题是土家族乡村建设需解决的根本问题，2019年完成了出站报告并通过了答辩，算是构建了拙作的基本框架。此后针对此问题进行了持续的思考，吸纳了导师的意见，通过调研补充了很多材料，也对标题、框架和内容进行了重新设计，才使得拙作得以面世。

本作的基本观点：道德是影响现代乡村治理的核心要素，它既能处理尚未上升到法治层面的问题，同时也是法治的有益补充。传统乡村有符合其自身的道德治理体系，道德以习俗的形式维持着乡村的良性运行。社会变迁导致传统乡村道德治理体系逐渐失去了对现代乡村人思想和行为的引导、约束作用，在新道德治理体系尚不健全的情况下，现代乡村处于道德失范或半失范状态，尤其是少数民族地区更为严重。因此深入挖掘传统道德的产生与形成、实践载体和传习机理，探讨其失范的表征与原因，结合现代乡村道德建设存在的实际问题，能为现代乡村提供符合乡村实际的道德建设对策，促进乡村内涵的提升。基于上述的观点，笔者选择乌江流域土家族L村寨为个案进行研究，以期能使研究更深入、系统和更具针对性。

本作的主要内容概述如下。

第一章，讨论研究土家族乡村道德的必要性，我国和西方的道德思想、道德实践，以及界定本研究相关概念。

第二章和第三章，讨论土家族乡村道德产生的基础及其分类，核心观点为：土家族乡村道德起源与自然环境、人性观念、万物有灵信仰和社会交往有关，且能在L村寨的道德习俗中找到佐证材料；社会变迁过程中内生的乡土文化和外铄的社会主流文化也促成了乡村公共道德、职业道德、家庭道德和个人品德的生成。

第四章和第五章，讨论乡村道德的实践载体和传习机理。核心观点为：土家族村寨的生产、敬神灵、人生礼仪和休闲娱乐等活动都是道德的载体，依托此类习俗的道德真正成为人们活动的指南。道德之所以代代相传，根本原因是村寨形成了以内循环需要和村寨自身发展为目的的道德传承方法和内在道德引导约束机制。

第六章和第七章，讨论传统道德习俗失效后现代乡村道德建设面临的困境及重构策略。核心观点为：传统的且在传统社会有效的道德在现代社会中为何失效，其深层原因是现代经济来源方式改变后随之而来的主流文化、学校教育和乡贤文化等对传统道德体系的冲击。基于对现代村寨建设面临的现实问题及其原因分析，乡村道德建设要汲取村寨传统道德体系的积极因素，从德治基础、运行机制、实践载体和道德贤能四方面改进和完善乡村道德体系。

之所以选择L村寨为研究对象，是因为村寨是乌江流域土家族地区基本的基层治理单位，在几百甚至上千年的发展中它形成相对稳定的道德内部循环体系和道德外部循环体系，因此以村寨为单位有助于更深入地挖掘乡村道德运行的内在逻辑脉络，确保研究的逻辑整体性。出于保护相关人员隐私的考虑，文中的人名和地名都用字母代替，并且在村寨地理位置上也略去了地名。

本作尚待提升之处颇多，敬请有缘的读者不吝赐教，我将在后续的研究工作中不断完善。

目 录
CONTENTS

第一章　乡村道德研究概述 ………………………………………… 1
 第一节　乡村道德研究的时代价值 ………………………………… 2
 第二节　乡村道德探索的基本概况 ………………………………… 7
 第三节　相关概念界定 ……………………………………………… 21

第二章　乡村道德习俗生成溯源 …………………………………… 31
 第一节　乡村道德习俗的思想基础 ………………………………… 32
 第二节　乡村道德习俗的实践寻根 ………………………………… 49

第三章　乡村变迁与传统道德生成 ………………………………… 69
 第一节　村寨起源与发展 …………………………………………… 69
 第二节　村寨文化的形成 …………………………………………… 79
 第三节　传统道德的分类 …………………………………………… 91

第四章　传统道德的实践载体 ……………………………………… 101
 第一节　生产习俗 …………………………………………………… 102
 第二节　敬神灵习俗 ………………………………………………… 112

第三节　人生礼俗 …………………………………………… 123
　　第四节　休闲娱乐习俗 ……………………………………… 130

第五章　传统道德的传习机理 ………………………………… 140
　　第一节　传统道德的传承方式 ……………………………… 140
　　第二节　传统道德的作用机理 ……………………………… 159

第六章　传统道德的现代境遇 ………………………………… 172
　　第一节　传统道德式微的表征 ……………………………… 173
　　第二节　传统道德式微的致因 ……………………………… 195

第七章　现代乡村道德困境及其重构策略 …………………… 207
　　第一节　现代乡村道德建设的自主探索 …………………… 207
　　第二节　现代乡村道德的现实困境 ………………………… 211
　　第三节　现代乡村道德建设构想 …………………………… 228

参考文献 ………………………………………………………… 240

第一章　乡村道德研究概述

党的十九届四中全会审议通过的《中共中央关于坚持和完善中国特色社会主义制度　推进国家治理体系和治理能力现代化若干重大问题的决定》中，强调"推动社会治理和服务重心向基层下移，把更多资源下沉到基层，更好提供精准化、精细化服务。注重发挥家庭家教家风在基层社会治理中的重要作用"[1]。以此作为构建社会治理新格局的措施。土家族聚居区是乡村振兴战略贯彻落实的重点区域，在尊重其民族性的前提下如何构建治理新格局是乡村振兴必须关注的问题。土家族传统乡村社会治理的基础是道德，社会变迁导致传统道德逐渐失范，而新的道德尚未完全扎根，因此在尊重土家族乡村原道德习俗的基础上，探索适合现代化建设需要的道德体系有助于提升乡村治理水平，促进乡村振兴战略的落实。

---

[1] 中国共产党第十九届中央委员会. 中共中央关于坚持和完善中国特色社会主义制度 推进国家治理体系和治理能力现代化若干重大问题的决定［EB/OL］.（2019-10-31）［2021-02-12］.

第一节 乡村道德研究的时代价值

《乡村振兴战略规划（2018—2022年）》（以下简称《规划》）指出："乡村是具有自然、社会、经济特征的地域综合体，兼具生产、生活、生态、文化等多重功能，与城镇互促互进、共生共存，共同构成人类活动的主要空间。乡村兴则国家兴，乡村衰则国家衰。"人类社会最早的形态是乡村，乡村是人类社会的基础与发源地，它能为现代化建设提供各种支持和保障，如果乡村得不到有效的建设，其功能不仅得不到发挥，甚至会成为21世纪中叶我国实现"富强民主文明和谐美丽的社会主义现代化强国"目标的障碍。《规划》还强调："实施乡村振兴战略，深入挖掘农耕文化蕴含的优秀思想观念、人文精神、道德规范，结合时代要求在保护传承的基础上创造性转化、创新性发展，有利于在新时代焕发出乡风文明的新气象，进一步丰富和传承中华优秀传统文化。"道德作为乡村建设的软实力，能为乡村建设的深入实施以及乡村建设质量的提升提供精神与秩序保障，在乡村振兴战略实施的过程中，研究乡村道德建设显然很有必要。

一、乡村振兴战略的落实需要乡村道德支撑

党的十九大报告提出实施乡村振兴战略，农业、农村、农民问题是关系国计民生的根本性问题，必须把"三农"问题作为国计民生的重要问题来抓，按照"产业兴旺、生态宜居、乡风文明、治理有效、生活富裕"的总要求推进农业农村现代化，并提出了"加强农村基层基础工作，健全自治、法治、德治相结合的乡村治理体系，培养造就一支懂农业、爱农村、爱农民的'三农'工作队伍"。农民既是乡村振兴战略的推动者也是受益者，更是乡村振兴战略实施的主体。

　　农民作为乡村振兴战略落实的主体，生于乡村长于乡村，有着浓厚的乡土情怀。充分发挥农民自身的力量，引领其全身心投入乡村建设是乡村振兴的必然选择。农民的乡村建设素养主要包括思想素养与技术素养两方面。思想素养主要指农民要具备建设家乡的情怀、责任与担当，克服困难的意志，团结协作的精神和热爱自然并保护生态环境的意识，参与乡村治理的积极性、主动性以及维护乡村集体利益的情感。技术素养指农民应具有建设乡村所需的知识与技术，包括现代农业生产技术、农村生活知识与技术、农村治理知识与技术以及生态保护与利用技术等。思想素养回应的是农民是否愿意投身乡村建设，技术素养回应的是农民是否有能力投身乡村建设。思想素养的范畴较为宽泛，道德属于思想素养的范畴，在此意义上，乡村振兴战略的落实需要良好的道德品质作支撑。乡村振兴战略是马克思主义思想中国化在新时代的实践表现，是历代中国领导人在国家治理过程中总结凝练后设计的宏伟蓝图，既包括对过去实践经验的总结，也蕴含着对未来的展望。乡村振兴战略的实现需要科学的引领与助推，这种科学的引领与助推不能仅依靠农民主体性的发挥，也需要采用科学的方式调动农民的主动性与积极性，引领其建设文明的乡风与探究本地化的治理体系与方略。相关的引领者与指导者不仅需要具备乡村振兴的知识与技术素养，而且需要具备乡村建设的思想素养，这样乡村振兴才能少走弯路，效率更高。

　　基于乡村振兴战略落实对农民道德素养的要求以及对农村工作者的道德素养要求，乡村振兴过程中需要重视道德建设，让道德成为乡村振兴的思想基础、精神动力和秩序保障。

二、民族乡村现代化需要道德的转型与升级

以人口的民族性为划分依据,乡村可分为民族乡村与非民族乡村。相对而言,民族乡村是乡村现代化的重点与难点区域。一是民族地区是我国巩固脱贫攻坚成果的重点区域。2019年6月26日,国务院新闻办公室举行"聚焦深度 攻坚克难"新闻发布会,国务院扶贫办副主任欧青平指出全国334个深度贫困县中,革命老区县有55个,少数民族县有113个。由此可知民族地区是脱贫攻坚的重点,同样也是巩固脱贫攻坚成果的重点和难点。因此聚焦民族地区讨论乡村振兴非常有必要。二是深度贫困地区通常生态脆弱、位置偏远、资源匮乏,以及社会发育滞后,尽管脱贫攻坚政策可能暂时解决了深度贫困地区的贫困问题,但贫困居民自身的造血能力仍偏弱,导致其很容易返贫。如果贫困地区脱贫后重新返回贫困状态,这会从根本上削弱乡村振兴的基础。因此乡村振兴战略的推行仍需重视原深度贫困地区的发展,加强对脱贫攻坚成果的巩固,提升乡村内涵。

少数民族地区通常属于资源较为匮乏的地区,尤其是深度贫困地区的少数民族居住地此种情况更为严重。严重的资源匮乏使此类地区在原始丛林法则的指导下势必会基于资源争夺而产生严重的冲突,制止此种冲突必然需要道德规范。在此情形下,民族地区基于自身的环境与条件逐步建立了具有地方特点的民族道德体系,形成了自身的道德信仰,并在实践中践行着自身的道德行为规范。现代化的发展逐渐改变了民族地区的生产生活方式,很多民族地区的人口可以通过升学、外出务工、技术服务等多种渠道谋求生存,从而使得原有的道德体系逐渐失去了生产生活基础。在道德基础改变的过程中,民族地区的经济也取得了较快的发展,人民群众的生活水平有了较大幅度的提升。从理论上而言,经济

水平的提升必然需要相应的道德体系做保障。然而，现实情况是很多民族地区，尤其是自然环境条件差的山区，与经济社会发展相适应的符合民族乡村现代特点的新的道德体系尚未建立，从而使得民族乡村的人民群众常处于道德的迷茫状态。因此民族地区的发展需要结合乡村振兴战略以及民族乡村自身的实际情况，对原有的道德体系进行现代化的调适与建设，以形成新的道德体系并规约乡村社会的发展。如笔者在民族地区调查时发现，现代青年的家庭责任感变弱导致离婚率提升，赌博之风盛行影响着乡村人的价值观，一夜暴富思想影响了人们的工作态度，巧立名目办酒席收取礼金成为好吃懒做之人的主要收入来源，此类问题的产生必然与乡村传统道德体系的消解和现代道德体系的缺位相关，因此乡村社会转型过程中必然需加强对道德转型的探究，建立与现代物质文明和精神文明匹配的道德体系。

三、土家族乡村治理需要现代化的道德保障

土家族是居于湘、鄂、渝、黔四省（市）交界处的少数民族，据第五次人口普查统计有800余万人口，因自然环境恶劣、沟壑纵横、交通不便，致使社会发展明显滞后，贫困发生率较高，武陵山集中连片特困地区多属于土家族聚居区。尽管在国家脱贫攻坚政策的支持下，土家族地区的贫困问题已得到解决。但由于其历史基础薄弱，它们仍是乡村振兴的重点与难点区域。乌江中下游属于武陵山区，主要有土家族与苗族，其中少数民族自治县有沿河土家族自治县、印江土家族苗族自治县、秀山土家族苗族自治县、酉阳土家族苗族自治县、彭水苗族土家族自治县等，此外思南、德江、武隆等县也居住着数量不少的土家族人口。乌江流域的土家族聚居区自然环境恶劣、水土流失严重、自然资源匮乏，如果继续采用传统的向自然资源要生活的方式，自然资源及其产

出很难养活现有的人口，因此乌江流域土家族村寨基本是靠打工经济支撑。

乡村振兴战略的目的是振兴乡村，吸引外出务工人员回到乡村并积极参与乡村建设，乡村振兴除经济振兴外更为重要的是文化振兴，因为文化振兴能营造良好的文化环境以吸引人们更好地建设乡村。就笔者在乌江流域土家族居住区的调查来看，尽管驻村干部和大学生村干部为乡村建设带来了活力，然而此区域的乡村道德建设仍令人堪忧，甚至已影响到乡村建设。例如，最困扰当地人的问题是违规办酒席的问题，尽管管理干部已三令五申、苦口婆心讲解过度办酒席带来的危害，但是为追逐不劳而获的经济收益，村民仍热衷于办酒席。由于年轻人都在外地务工，因此酒席通常从冬月开始办，这时外出务工人员碍于情面需要回村帮忙和吃酒，并且一直要吃到正月十五甚至以后。对于不办酒席的人而言，至少会损失两个月的务工收入，同时还要送礼金。由于留在村寨帮忙办酒和吃酒，年轻人聚集起来则开始赌钱，因此有的人全年挣的工资就在这两个月被消耗完甚至还会负债。

2021年末到2022年初，地方政府因新冠肺炎疫情强令停办所有的酒席，即使不可规避的丧事也要简办，目的是尽量减少人员聚集，但笔者调查发现乌江流域的L村寨人对此似乎不在意，酒席从正月初六排到了正月十六，其中还有两家是给老人办"过关酒"，据说正月十六以后还会有酒席。如果说L村寨办酒席行为得不到制止，邻近的村寨可能也开启办酒席模式，也许有人还会滞留在家直到正月底。这样会严重影响村寨人的经济收入。当地流行这样的顺口溜：要想有，就办酒；要想富，办时务。① 乱办酒席的风气不仅影响了当地的经济，更为重要的是

---

① 特定时间需要完成的任务，如结婚、建房、过关等。

颠覆了人们对合法获取收入的认知，已成为文明乡风建设的拦路虎，因此加强道德建设，树立文明乡风是该地区发展的前提。

第二节 乡村道德探索的基本概况

乡村是人类社会的主要构成部分，是与城市相对的社会形态。乡村是人类社会最初的形态，是城市产生的基础，任何国家在发展过程中都无法回避乡村问题。道德是维持人类社会良性运行的规范，也是把人与动物区别开来的重要标志，人之所以为人，除了会制造与使用工具外，更为重要的是其过的是有德行的生活，而非兽性的生活。因此在人类文明发展的过程中，道德始终是无法回避的话题。原始社会作为人类社会的初级阶段，产生了非形式化的道德教育类型，其道德内容主要包括带有原始宗教色彩的具有部落特性的习惯、传统与禁忌等思维和行为规范，部落成员只有掌握它们才能真正融入部落生活，部落本身的整体性以及运行的有序性才得以存在。[1] 在此意义上，原始社会的道德本质上属于地方性知识，基于氏族与部落自身的需求而产生，并为氏族与部落的发展服务，道德教育以非形式化的形式融于原始社会的生产生活实践中。教育方法包括观察与实践、传习与教导、奖励和惩罚以及成年礼与其他仪式。现代社会道德教育与生活道德教育在原始社会已具雏形。这种原始的、非正规化的道德教育形态在现存的偏远少数民族地区仍能发现类似的痕迹。关于乡村道德的发展，很多人类学家、社会学家和哲学家等都对其进行过相关的讨论，提出过自己的观点，这都是本研究需要

---

[1] 滕大春. 外国教育通史：第一卷 [M]. 济南：山东教育出版社，1988：10.

借鉴和参考的成果，为让本研究能更好地呈现民族乡村道德发展的逻辑和存在的问题，以及提出更加切合实际的建设对策，笔者主要从国内和国外两个维度对相关成果和观点进行系统梳理。

一、我国乡村道德演进与发展

（一）古代社会的道德思想

道德是我国历代统治者治理国家的主要手段，可以说道德贯穿我国社会发展的整个历史。原始社会的道德是基于实际生产生活需求的道德，它融于生产生活实际中，尚未上升到思想与体系层面。体系化的道德形成于奴隶社会，这时期已有文字对道德进行体系化的阐释。殷商时期，"德"与"礼"基于殷人统治的需要而产生，与之对应的是"德治"与"礼治"。"德"在这里指一种修养，"礼"是实现德的修养需掌握的规范。"礼"是手段，"德"是目的。"孝"作为传统道德的重要内容，产生于殷周时期，殷周统治者把政教合为一体，通过"孝"达到稳固统治的目的。"孝"一方面强化了血亲关系，使得宗族关系更为牢固，有助于统治的稳固；同样被统治者也被这种"孝"的行为所感化，不会揭竿而起，推翻统治。[1] 周朝继承发扬了殷人的道德思想，沿袭了殷商的文化，使得"德""礼"与"孝"等更加具体化与更具可操作性。重"德"的逻辑是：只要崇尚德政，以德行事，这样就能得到上天的眷顾，统治更为长久，因此在年号上周代在商代的基础上增加了昭、穆等更加凸显德政的称号。"礼"的目的更加明确，既指"经国家，定社稷，序民人"，也能"民不迁，农不移，工贾不变"。即通过"礼"维持统治，也让被统治者认同自己的身份角色。这时"孝"已明

---

[1] 杨荣国. 中国古代思想史［M］. 北京：人民出版社，1973：11-12.

确与统治的稳定性、长久性有机结合起来。"孝"被直接作为选拔统治者的条件,具有"孝"行为的人才能参与政事;兼具"孝"与"德"的人是众人学习的楷模。因此到周代,"德"与"孝"以及"礼"的使用范围更为广泛,成为统治者与被统治者都需具备的素养。西周末年,社会分化直接导致了"天""德""礼"与"孝"思想的动摇,其根本原因在于经济的发展使得部分被统治者掌握了财富,这也激起整个社会对传统的维护统治的"天""德""礼"与"孝"等思想的质疑和漠然。按照历史朝代的划分,周朝灭亡后中国社会进入了封建社会,由于奴隶制社会时期的"天""德""礼"与"孝"等思想受到了质疑,因此社会陷入春秋战国的混乱期。人们对道德进行了重新探讨和争论,相关争论奠定了我国传统道德的思想基础。因此,我国传统道德体系的奠基真正始于春秋战国时期,此后不同朝代根据经济社会发展的需求开展了相应的探索与改进,形成了我国传统的道德观。

1. 春秋战国时期的道德思想

春秋战国时期诸子百家,尤其是孔子、老子、韩非子、墨子等对道德进行了探索,尽管其研究呈多元状态,但也具有整体性,奠定了中国道德理论与实践的基础。春秋战国时期的混乱给予了知识分子更多的思想自由空间,也促成了文化的下移,知识分子开始从不同的视角探讨国家的统治。混乱的益处是促进文化思想的繁荣,呈现百家争鸣的局面,问题是常年征战导致民不聊生。在思想方面,孔子提出仁政与中庸的主张,墨子提出了兼爱与非攻的主张,老子提出无为而治、顺应自然的主张。这里主要对孔子、墨子与老子的道德思想进行梳理与挖掘。

孔子的道德思想主要包括下列内容。第一,"仁"。"仁"是人之为人的本质特性,"仁"在实践中需遵循的原则是"忠"和"恕"。"忠"就是"己欲立而立人,己欲达而达人","恕"是"己所不欲,勿施于人"。第二，修身。孔子把修身之道分为三种境界、五个层次。三种境界是：功利境界、道德境界和自由境界。五个层次是：小人层次、士人层次、君子层次、仁者层次和圣人层次。他希望人们通过学习和内省加强道德修养来达到自由境界。第三，利义并重，重义轻利。孔子强调义利并重，当二者发生冲突时，则需要去利而保义，所以才有杀身成仁之说。第四，中庸之道。孔子认为中庸之道是君子或圣人需具备的最高道德标准，即要求人在生产生活中不能走极端，保持中和状态。此外孔子还提出了启发式教学、因材施教、学思结合等与道德养成相关的学习方法。对比孔子的道德思想与殷周时期的道德思想，发现二者的共同点都是希望借助道德维护统治，区别在于前者强调单方面的遵守，而后者更加灵活，强调换位思考，行中庸之道，从而使"德治"思想更人性化，与民众的生活联系更为紧密。

墨子早年学习了儒家思想，但后来他发现儒家思想只为贵族谋取利益而不利于奴隶，因此他提出了自己的道德思想，其思想基础是实事求是的科学态度，主要包括三方面。一是兼相爱，交相利。指人与人在交往过程中要相互爱戴，互利共赢。二是公平公正，赏罚分明。指对人与对事要公平公正，不能因人而异。三是官无常贵，民无终贱。指需奖励与提拔有能力的人，给普通人上升的通道。墨子的道德思想中已有民主与平等的道德观念，当然墨子的思想与孔子思想中的亲旧与尊贵思想是冲突的，但是墨子的道德思想比孔子的道德思想更亲民。

老子的代表作是《道德经》，分为道经与德经两个部分，道德思想主要集中在德经部分。老子道德思想的基础是"道"，"无为"是其道德思想的最高境界。"我无为，而民自化；我好静，而民自正；我无事，而民自富；我无欲，而民自朴。"（《道德经》五十七章）这是从统治者的视角对"无为"的道德思想的最好解释。为实现其"无为"的道德思想，老子认为教者需提升自我修养，慈爱万物，崇尚节俭，知足不争，诚信不欺，行不言之教，无为之教，以柔克刚。

2. 汉代以来道德思想的发展

一是汉代陆贾、贾谊与董仲舒的道德教育思想的产生。汉代思想家探讨更多的是教育一元独尊的权威性目标与政治功利性价值。其目的是建立具有政治权威的普适性的道德规范，汉代思想家可谓奠定了儒家道德思想的核心地位和基本框架。二是魏晋隋唐时期儒家、玄学等思想的融合发展，代表人物有阮籍、嵇康、王通、道安与慧远等，其都曾致力于思想道德教育理论研究，突破了儒学的樊篱，拓宽了理论视野，提升了理论建设中的人文品位，强化了理论的丰富性与教育的开放性。三是韩愈、朱熹、王阳明等人使思想道德教育的理论研究在哲理层面上深化，形成了思想道德理论建设史上的新高峰。四是明末清初之际，出现了一股遒劲的教育维新思潮，他们尝试推动思想道德教育近代化转型，虽有对旧思想的批判，但更多的是维护传统的道德规范，缺少新的建树。总体而言，我国古代道德思想探索呈现如下特点，即教为政本的教育价值观、政己为先的教育生态观、以民为本的教育主旨观、以导为道的教育方法观与人都能成圣的教育对象观。①

（二）民国时期的道德发展

西方与中国的古代哲人关于道德的探讨主要聚焦两方面。一是政治性道德研究，即探讨道德与政治的关系。我国古代的道德教育探索基本都是以此为导向的，古希腊的柏拉图、亚里士多德，中世纪的奥古斯丁与阿奎那，涂尔干以及马克思主义学派，他们都试图在人、道德与国家三者之间建立一种内在的逻辑关系，充分发挥道德的国家统治功能与社

---

① 李丹. 张世先和他的《中国古代思想道德教育史》[EB/OL]. (2014-03-30) [2021-02-12].

会发展功能。二是道德对人发展价值的研究。这种研究主要致力于道德的育人目的，如近代的卢梭、洛克与赫尔巴特，尽管其道德研究也与国家、社会发展需要存在联系，但更强调的是道德对人发展的作用。近代以来我国逐步引进了西方的道德思想，我国学者也结合当时的社会实际进行了相关的研究。这期间的研究主要表现在以下两个方面。

1. 马克思主义道德本土化探索

马克思主义道德思想的本土化探索主要指革命战争时期共产党人以马克思主义道德思想为指导，结合我国实际构建无产阶级道德思想体系，从内心深处激发农民反对帝国主义、官僚资本主义与封建主义三座大山的压迫。马克思认为，小生产者思想导致农民的思想兼具革命性与保守性，因此无产阶级政党的首要任务是用无产阶级的道德思想改造并提升农民的觉悟，以实现工人农民当家作主的目的。无产阶级道德思想主要包括两个方面的内容。一是以公民道德为基础的一切人类社会的先进道德理念与规范；二是共产主义精神引领下的道德，包括民主平等、互帮互助、相互尊重与责己严、责人宽等道德。代表性成果包括《中国社会各阶级的分析》《湖南农民运动考察报告》《关于纠正党内的错误思想》《新民主主义论》《反对本本主义》《反对自由主义》《改造我们的学习》《纪念白求恩》《为人民服务》《论人民民主专政》等。为使无产阶级道德思想深入农民心中，为革命服务，无产阶级领导者主要"通过满足农民的土地生产资料需求并保护这种利益不受侵犯而使无产阶级的思想、理论、道德深入民心"①。

2. 乡村建设中的道德探索

马克思主义道德思想的中国化探索主要通过道德教育开展革命工

---

① 欧阳爱权. 社会主义新农村道德建设研究［D］. 武汉：武汉大学，2010.

作，而乡村建设的理论与实践工作则属于改良主义的范畴，改良主义者通过新的道德思想，激发民众建设家园，赶走外国侵略者，过上幸福生活的信心。这期间涌现出大批乡村建设人士，并且在全国各地开展了轰轰烈烈的乡村建设运动。如梁漱溟先生剖析当时的形势，认为我国乡村必须从救济与自救两个视角开展运动，倡导立足于儒家的传统道德思想，把教育与行政相结合，创办了乡农学校，其主要著作包括《乡村建设理论》《乡农学校的办法及其意义》《中国文化要义》等。晏阳初先生深入乡村开展研究，提出当时农民的症结主要是"愚、贫、弱、私"，并提出对应的文化教育、生计教育、卫生教育与公民道德教育，他主张知识分子应深入到群众中，传播公民道德思想，组织农民开展自救。晏阳初先生的主要代表作有《平民教育概论》《农民抗战与农村建设》等。此外，陶行知、黄炎培与卢作孚等人也对乡村道德建设提出了自己的主张，这里不再赘述。费孝通先生致力于乡土研究，他深入中国社会的实际探讨中国乡村运行的深层逻辑，提出了自己的道德主张。他认为中华社会结构是差序格局，而西洋社会是团体格局，前者的纽带是私，后者的纽带是公。[①] 他的主要代表作包括《乡土中国》《生育制度》《乡土重建》《江村经济》等。

（三）中华人民共和国成立以来的道德发展

中华人民共和国成立后，民国时期轰轰烈烈的乡村建设研究与实践热潮逐渐平息，中国社会进入共产党领导下的社会主义改造与建设期，关于乡村道德的研究尽管在很多著作中也有所涉及，但更多是对国家思想政治要求的论证与落实。如李晓翼的《农民及其现代化》，张秋锦等人的《农本论——当代中国农民问题思考》，潘逸阳的《农民主体论》，

---

① 费孝通. 乡土中国·生育制度·乡土重建[M]. 北京：商务印书馆，2011：33.

袁银传的《小农意识与中国现代化》等。经济的发展势必冲击道德的堡垒，计划经济时代的道德体系在改革开放的冲击下必然存在水土不服的现象，因此改革开放以来关于乡村道德的相关研究也较多。如谭同学的《桥村有道：转型乡村的道德权力与社会结构》，毕世响的《乡村生活的道德文化智慧》，景军的《神堂记忆：一个中国乡村的历史、权力与道德》，谢迪斌的《破与立的双重变奏：新中国成立初期乡村社会道德秩序的改造与建设》，欧阳爱权的《社会主义新农村道德建设研究》等从不同的视角对乡村道德建设提出了自己的见解。此外贺雪峰、温铁军等学者也在自己的研究中提出了关于乡村道德建设的见解。

在新农村建设与乡村振兴等政策的引领下，近年来国内关于乡村道德建设的研究呈繁荣之势，贺雪峰、温铁军等学者成立了乡村建设的相关研究机构，引领学界产出了系列的研究成果。如以"乡村振兴"与"德育"（并含）为主题词，在中国知网搜索到文献139篇，且研究文献数量呈上升趋势，从2008年的9篇、2018年的17篇上升到2022年的55篇。研究主题词共有40个。其中，与乡村振兴相关的主题词包括乡村振兴、振兴战略、文化振兴与红色资源，与德育相关的主题词包括思想政治教育、农村思想政治教育、思想政治教育工作、农村思想政治教育、青年思想政治教育、小农意识、德育价值、德育管理、红色基因与思想政治理论课等。在中国知网中以"乡土德育"为主题词进行搜索，1991年至今共有文献215篇。乡土主题包括乡土文化、乡土资源、乡土文化资源、乡土德育、乡土史与乡土教育；德育主题包括乡土德育、学校德育、德育校本课程、德育工作、德育课程、德育活动、德育功能、乡土教材、爱国主义教育、德育教材、德育教育、思政政治教育、德育实效、德育价值、道德教育等。由此可见关于乡村道德建设的研究成果颇为丰富。以"土家族"与"德育"（并含）为主题词，在中国知网中共搜索到32篇文献，从文献数量分布趋势而言，2009年以来整体趋势比较平稳，每年都维持在1篇到4篇之间。就主题词的分布而言，主要包括文化、道德、地域三类，文化主题主要有民俗文化、土家族文化、土家族民歌、文化符号、文化自信、文化素养、民间音乐、优良民俗。道德主题主要包括德育资源、德育功能、道德规范、主题教育活动、德育工作、道德素养与德育实践。地域主题主要包括五峰土家族自治县、湘西土家族、恩施土家族苗族自治州。从主题词之间的关联而言，研究主要集中探讨土家族地区民族文化与德育研究。具体而言，现有研究主要集中在三方面。

第一是民俗文化与德育价值研究，主要讨论土家族民俗文化的德育价值。具有代表性的观点有：李重新（2018）认为土家族文化符号与其他少数民族文化符号同样是具有经济价值、文化价值、生态价值、美学价值、德育价值的教育资源，需要结合民族文化符号开展思想政治教育工作[1]；唐莉（2017）认为湘西土家族苗族的特色节日具有德育价值，但目前开发不足，所以需要结合实际从特色节日中挖掘德育资源。[2] 第二是民俗文化与德育功能研究，主要探讨土家族习俗本身的德育功能，提出要充分发挥这一优势开展思想政治教育。代表性研究有：欧梦丽（2015）认为土家族民俗中蕴含着勤劳勇敢、团结互助、乐观豁达、淳厚朴实、孝老爱亲、重情尚义、开拓进取、自强不息等道德思想，但此功能尚未发挥，因此需要从意识转变、完善条件、方法更新三个维度展开路径思考[3]；田珺（2010）认为湘西少数民族（含土家族）

---

[1] 李重新.文化自信视阈下少数民族文化符号的思想政治教育价值探析——以恩施土家族苗族自治州为例［J］.集宁师范学院学报，2018，40（05）：50-54.
[2] 唐莉.湘西特色节日文化中德育资源的开发与利用［D］.武汉：华中师范大学，2017.
[3] 欧梦丽.湘西土家族民俗的德育功能研究［D］.长沙：湖南大学，2015.

民俗蕴含丰富的思想政治教育功能，但该功能被忽视和漠视，因此提出了开发湘西少数民族优良民俗思想政治教育功能的途径。[1] 第三是民俗道德教育的转型研究。如周兴茂（1999）从民俗传统道德视角讨论了在民俗逐渐消解的情况下土家族道德的转型问题，主要研究了民俗传统道德问题的实践载体和传统道德在现代化冲击中应如何转型与发展。[2]

通过对国内道德思想的发展以及相关研究与实践的梳理，可以得出这样的推论，即我国具有重视道德的传统，并且我国道德研究的目的主要是服务于社会统治以及社会发展，而从人自身出发探讨人内在道德的相关研究并不多，而西方探讨个体道德方面的研究相对较多。在道德变迁的视角上，道德总是与经济社会的发展密切相关，经济社会水平需要相应的道德支撑，经济或社会形势的改变需要新的道德体系维持秩序，否则传统的道德可能会阻碍经济社会的发展。因此在经济社会发展速度较快的时期，道德的研究与探讨相对较多，比如，春秋战国时期、民国时期以及改革开放以来的道德探索期，从研究视角看，主要包括两个层面的研究。一是从国家或统治层面讨论政治道德的构建，古代道德思想发展主要以此为导向；二是从生产生活的视角讨论生活道德的建构，如民国时期的相关研究以及中华人民共和国成立以来部分社会学者、人类学者针对具体村落进行的深度考察都可归为此类。

二、西方乡村道德理论演进

人类社会的进步与发展总是与道德密不可分，因此在古代哲人的思想体系中，道德是永恒的话题。这里主要从西方古代道德教育思想、西方近代道德教育思想与马克思道德教育思想三个阶段梳理西方道德理论

---

[1] 田珺. 论湘西少数民族优良民俗的思想政治教育功能［D］. 长沙：中南大学，2010.
[2] 周兴茂. 土家族的传统道德与现代转型［M］. 北京：中央民族大学出版社，1999.

的形成与发展。

(一) 西方古代道德教育思想

西方古代道德教育思想主要包括古希腊与中世纪两个阶段的道德思想。古希腊道德思想的主要代表人物是苏格拉底、柏拉图与亚里士多德。"三哲"的思想中都把道德置于重要的位置，苏格拉底论述了善、美德与智慧之间的关系，并认为美德是可教的。柏拉图提出了正义、智慧、勇敢与节制等道德要求，并认为它们是人性的构成要素，通过教育可让人的本性得到改变。亚里士多德对德性与理性区别讨论，把道德与政治结合起来论述，认为德行即"中庸之道"，个体道德与国家道德需融为一体，实践是道德教育的主要方法。中世纪道德教育的基础是神学，学者们把道德作为永恒的至善思想加以讨论，代表人物主要是奥古斯丁与托马斯·阿奎那。奥古斯丁作为宗教哲学的代表人物，认为人需要接受道德教育，具备《马太福音》列出的"八端"(安贫、温良、哀痛、饥渴、慕义、慈惠、待人纯洁、和平)，以及宽容、谦虚、爱真理、正义、爱人、严谨、服从等品德。[1] 托马斯·阿奎那作为最具权威的经院哲学家，其道德思想的基础是神学，他认为人类的各种思想活动最终都归结为上帝赋予人的趋善避恶的道德自然律，因此道德教育实际上是促使人这一上帝创造物接近上帝并与上帝融合的活动，在教育过程中他强调通过客观事物与外界的符号引发人的道德思考，而不是单纯地机械背诵与领悟。[2]

(二) 西方近代道德教育思想

近代道德教育思想是对中世纪道德教育思想的批判、反思与超越，

---

[1] 滕大春. 外国教育通史：第二卷 [M]. 济南：山东教育出版社，1988：393.
[2] 滕大春. 外国教育通史：第二卷 [M]. 济南：山东教育出版社，1988：120, 126.

宗教道德的基础是神与上帝,近代道德研究回归人的生产生活实际,道德开始从宗教中分离出来。道德教育的基础不再以神学为主导,而是以自然主义哲学、心理学与社会学等学科为基础。以自然主义哲学为基础的道德教育观强调道德源于自然,道德教育遵循人的自然本性。夸美纽斯是人类教育史上里程碑式的人物,他写下了近代史上最早的系统论述教育的著作《大教学论》。道德教育是其思想中的重要内容,道德主要包括明智、节制、坚忍与正直。明智主要指教育要让孩子具有判断与明辨是非的能力,节制指教育要让人保持中庸的心态与品质,坚忍指人要具备克制与勇敢的品质,正直指青年人要公正无私、与人为善、助人为乐、诚信待人。① 洛克十分重视道德的作用,他认为绅士必须具备德行、智慧、教养和学问。道德是其中最基础、最重要的品质,他认为:"在一个人或者一位绅士应具备的各种品性之中,我将德行放在首位,视之为最必须的品性;他要有存在价值,受到敬爱,被他人接受或容忍,德行乃是绝对不可缺乏的。缺少德行,无论是在阳世或阴间,我认为他都毫无幸福可言。"② 良好道德品行的习得需走进孩子的心灵,采用说理、榜样、奖惩与实际锻炼等方法。③ 卢梭是自然主义教育思想的代表,善是其人性的基础,他认为道德教育需遵循儿童成长的自然规律,培养孩子的善良、博爱与恻隐等道德品质,青年期是道德教育关键期,道德教育需要抓住关键期。道德教育应采用榜样示范与人格感化的方式,同时让孩子明白善的行为是相互的,善的行为之间存在因果关

---

① 付晓容. 夸美纽斯德育思想及其对新时代学校德育的启示[J]. 中国德育,2018(14):20-23.
② [英]洛克. 教育漫话[M]. 徐诚,杨汉麟,译. 石家庄:河北人民出版社,1998:121.
③ 滕大春. 外国教育通史:第三卷[M]. 济南:山东教育出版社,1988:54-55.

系，你对别人善，别人同样对你也会善。① 同时卢梭还强调，道德教育过程中采用惩罚并不是目的，"而是要让他们明白惩罚是不良行为的自然结果；谎言最终都要落在自己的头上，到最后即使说真话，也没有人会相信；即使什么都没有做，坏事也将落到他的头上"②。以心理学为基础探讨道德教育思想的代表人物是德国教育家赫尔巴特。赫尔巴特可以说是近代最具影响力的教育家，是科学教育学体系的创建者，其教育思想的理论基础是哲学与心理学。他认为："教育的目的是培养道德性格的力量，这主要体现在五个道德观念上，即内心自由的观念、完善的观念、仁慈的观念、正义的观念和公平的观念。他把实现这种教育目的的手段分为三种，即管理、教育性教学和训育。"③ 管理即通过威胁、惩罚、命令与爱等手段规约儿童的行为；教育性教学主要分为四个阶段，即明了、联合、系统与方法；训育指通过抑制、惩罚、赞许与榜样等手段培养儿童良好的学习习惯。以社会学为基础探讨道德教育的代表人物是涂尔干，其目的是依托道德重建社会秩序。其思想主要表现在四方面。一是道德起源于社会决定论，他认为道德的探讨应从现实社会出发；二是道德具有社会控制功能；三是道德教育是实现社会控制功能的手段；四是道德教育要重视道德规范的内化。④

（三）马克思主义道德教育思想

马克思主义理论认为经济基础决定上层建筑，道德属于上层建筑的范畴，因此经济对道德具有基础性的支撑作用。马克思主义道德教育思

---

① 滕大春. 外国教育通史：第三卷［M］. 济南：山东教育出版社，1988：129-134.
② ［法］卢梭. 爱弥儿［M］. 李平沤，译. 北京：北京出版社，2008：36.
③ ［德］赫尔巴特. 普通教育学·教育学讲授纲要［M］. 李其龙，译. 杭州：浙江教育出版社，2002：15.
④ 高旭平. 涂尔干道德社会学思想简略评介［J］. 山东师大学报（社会科学版），1987（02）：46-49.

想主要包括六方面的内容。第一是道德的基础。恩格斯认为："一切以往的道德论归根到底都是当时的社会经济状况的产物。"① 在此意义上经济是道德的基础。第二是道德的阶级性。恩格斯认为尽管道德是由经济状况决定的，但道德具有阶级性。他认为："人们自觉或不自觉地，归根到底总是从他们阶级地位所依据的实际关系中——从他们进行生产和交换的经济关系中，汲取自己的道德观念。"② 道德主要包括三种类型，即宗教道德、资产阶级道德与无产阶级道德。宗教道德重点通过传播宗教思想维护社会统治，资产阶级道德即要求维护资产阶级的利益，按照资产阶级的意志思考和行事。无产阶级道德是代表未来的自由、平等的道德理念。第三是道德的内容。道德内容主要包括无私奉献、集体主义、自尊自强等。第四是道德发展观。马克思主义者站在人类历史的高度，对马克思的道德思想进行了本土化的探索，并提出了发展的观点。第五是道德对于人的重要性。马克思认为人的全面发展指德、智、体、美、劳各方面都得到充分自由的发展，道德作为完整人的重要构成要素，是人现代化必须具备的要素，并且需与其他几方面要素协同发展。第六是道德教育方法。马克思主义强调教育要与生产劳动相结合，培养自由而全面发展的人。

通过对道德教育思想的梳理，笔者主要得出五个基本结论。第一是道德的探讨贯穿于人类社会的始终，西方历史上从古至今道德思想并未缺位，本研究探讨道德符合社会发展的规律，或者说是乡村社会发展之需。第二是经济关系是道德产生的基础。如原始社会的道德基础是原始氏族或部落内部以及相互之间的经济关系，资本主义社会道德产生的基础是资本主义的经济关系。第三是道德产生的人性基础。宗教社会道德

---

① 滕大春. 外国教育通史：第三卷 [M]. 济南：山东教育出版社，1988：535.
② 滕大春. 外国教育通史：第三卷 [M]. 济南：山东教育出版社，1988：535.

产生的基础是宗教对人的设定，如中世纪的神学认为人是上帝的创造物，人应该具有与上帝同样的道德品性。夸美纽斯与卢梭认为人是自然的产物，且人性本善，因此道德教育需从善出发，遵循自然的规律开展道德教育活动。第四是道德的政治基础。按照马克思主义的基本观点，道德具有阶级性，是维护阶级统治的产物。因此在不同历史时期，不同的利益集团为维护自己的利益而建设自己的道德体系。第五是道德建设的方法。西方道德思想认为道德建设的主要方法是教育，主要教育方法包括奖励、惩罚、说理、榜样、实践、环境陶冶等。

第三节　相关概念界定

一、土家族村寨

土家族，土家语称毕兹卡（Bifzivkar），通用汉文，是具有民族语言但无民族文字的少数民族，1957年被正式列为单一少数民族。关于土家族的起源众说纷纭，有学者认为土家族地区早期的底层土著居民可追溯到上古的濮人、中古的僚人、唐宋时期的仡佬族，其上层贵族则主要是外来人员，包括先秦巴人、汉晋强宗大姓和元明清时期的土司等。[1] 有学者认为关于土家族起源的学说主要有巴人说、土著说、乌蛮说、多元说和濮人说。主要观点分别为土家族是古代巴人的部分后裔，是由古代湘西土著居民和以后进入的巴人、汉人融合而成，是由唐代云南、贵州一带的乌蛮东迁而来，是以古代巴人的一支后裔为主逐渐融合了周围的其他民族而形成，是先于巴人祖先居住在此地区的濮人。[2] 笔

---

[1] 柴焕波. 武陵山区古代文化概论［M］. 长沙：岳麓书社，2004：5.
[2] 土家族简史编写组. 土家族简史［M］. 修订本. 北京：民族出版社，2009：11-13.

者更倾向于赞同多元说，即土家族是由居住在武陵山脉的多支人构成，他们在与恶劣自然环境相处的过程中形成一套有别于其他民族的文化习俗、精神信仰和风俗习惯。

土家族主要分布在湘、鄂、渝、黔交界地带的武陵山区，具体分布为：湘西土家族苗族自治州的永顺、龙山、保靖、古丈等县；张家界市的慈利、桑植等县；常德市的石门等县；恩施土家族苗族自治州的来凤、鹤峰、咸丰、宣恩、建始、巴东、恩施、利川等县市；宜昌市的长阳、五峰两县；重庆市的黔江、酉阳、石柱、秀山、彭水等区（县）；黔东北的沿河、印江、思南、江口、德江等县。由于武陵山在地理上溪峒深阻，该地区在历史上长期处于羁縻州和土司制度下，加上历代"汉不入峒，蛮不出境"的政策，这块土地与四周的阻隔日益加深，到宋代，成了"重山复岭，杂厕荆、楚、巴、黔、巫中，四面皆王土"的孤岛。[1] 尽管土家族地区在历史上推行了土人治土的自治政策，但源自元朝的土司制度给予土司子弟学习主流文化、参与科举考试的机会，推动了儒家文化在土家族地区的传播。土家族文化主要体现出两种特征。一是国家主流文化特征，儒家文化中传统的纲常伦理在土家族地区非常盛行，如土家族人的香火上与汉族同样都有"天地君亲师"与"儒释道"的字样，传统的土家族社会都严格遵从"三纲五常"的道德律令。二是地方文化特征，土家族人在与自然环境交融的过程中形成了适合民族生存和发展的，具有明显生产生活特点的道德习俗，如基于万物有灵的人神共融道德，基于自然资源匮乏的勤俭道德，基于险恶自然环境的勇敢无畏道德等都烙上了武陵山脉地理环境的印记。

村寨是土家族人居住的基本单位，寨子的大小与寨子周边能提供的

---

[1] 柴焕波. 武陵山区古代文化概论［M］. 长沙：岳麓书社，2004：2.

自然资源密切相关，如土地资源相对较优且水源较为充裕的村寨必然大于自然资源匮乏的村寨。在村寨的选址上主要考虑饮水的远近与水源是否充足，是否有满足耕种要求的土地资源，因此村寨通常围绕山泉水而建。土家族地区村寨主要包括单一宗族和复合宗族两种类型。单一宗族主要指村寨由单个姓氏的宗族构成，复合宗族指村寨由两个及以上的宗族构成。由于土家族地区禁止同姓通婚，因此村寨与村寨之间通常因婚姻而形成复杂的姻亲关系。为耕种方便，土家族村寨与村寨之间通常具有较为明显的生产生活界线。武陵山区地理环境复杂，村寨的位置有高海拔和低海拔之分，有山坡村寨、洼地村寨、沟壑村寨之分，因此土家族村寨常使用××坝、××沟、××溪、××窝、××坨、××盖、××堡、××岩等具有明显地理环境特征的村寨名称。居住环境的差异必然导致生产生活习俗的差异，相应的村寨文化习俗也存在一些差异，如高山居住的人运物习惯于背，洼地居住的人习惯于挑。

笔者选择以村寨为研究单位，原因在于村寨既是古代最小的自治单位，也是现代乡村治理中重要的基层自治单位，以村寨为单位探讨乡村道德的变迁能让研究更深入，能更清晰地厘清乡村道德变迁的内在逻辑脉络，为乡村振兴背景下的乡村道德建设提供更加契合实际的方略。之所以选择乌江边的 L 村寨作为研究对象，原因在于笔者在此成长，对村寨的变迁较为熟悉，且具有直观体验，同时笔者已离寨生活 20 多年，返回去研究乡村既是一种乡土情怀的表现，也有助于以他者的身份确保研究的客观性。之所以选择 L 村寨为研究单位，是因为 L 村寨处于两县交界处，高山和深水使得此寨与外界的联系较少，但其内部的文化活动却十分丰富，加上村寨交通不畅的问题是在脱贫攻坚政策的推动下才解决的，因此它属于传统文化消解较晚的村寨，这样使得研究素材保存更为完整，有助于更有效地探讨道德变迁的逻辑理路。之所以选择 L 村寨，还因为L村寨是小型的多姓氏混居的村寨，各家族之间的利益冲突较大，矛盾较难调和，尤其是在脱贫攻坚时期对国家资助财物争夺的激烈程度完全超出周边村寨，因此选择其作为研究对象对于解决其他同类村寨的道德建设问题具有重要的参考和借鉴意义。此外，尽管L村寨在现代陆路交通盛行的时代中交通开放较晚，但是在古代它借助邻近乌江的水路交通优势，属于较早接受儒家文化的地区，因此中华民族优秀传统文化在此具有较为深厚的基础，对其进行探究对于乡村建设中处理主流道德文化与民族道德文化之间的关系也有所启示。

二、乡村与乡土

乡村是与城市相对的范畴，城市和乡村的主要区别在于生产生活方式的差异，城市是商业和工业主导的区域，而乡村是农业主导的区域。乡土强调的是乡村生产生活具有"土"性，与自然环境密切相关，在此意义上笔者认为乡土是乡村的主要特性。深入厘清乡村和乡土的关系有助于更深入地理解民族乡村道德的产生与变迁。笔者主要从文字溯源的视角展开探讨。

乡，取义为共食，指共同饮食的氏族部落。以此为基础，主要引申为四种含义。一是基层行政区划名称。如《周礼·地官·大司徒》："令五家为比，使之相保；五比为闾，使之相受；四闾为族，使之相葬；五族为党，使之相救；五党为州，使之相赒；五州为乡，使之相宾。"周制规定一万二千五百家为乡。二是乡村，泛指城市以外的地区。"于是罔疏而民富，役财骄溢，或至并兼。豪党之徒，以武断于乡曲。"（《汉书·食货志》）其中的乡指乡村。三是出生地、家乡或祖籍。"十年春，齐师伐我。公将战，曹刿请见。其乡人曰：'肉食者谋之，又何间焉？'"（《左传·庄公十年》）其中的乡即家乡之意。四是处所、地区。如"薄言采芑，于彼新田，于此中乡"（《诗·小雅·采芑》）中的乡即为此意。①

村，主要包括三种含义。一是村庄。"村，墅也"（《广韵·魂韵》）与"村，聚也"（《集韵·魂韵》）中的村即村庄。二是粗俗，土气。如"老的小的，村的俏的，没颠没倒，胜似闹元宵"（《西厢记》第一本第四折），其中的村即粗俗和土气之意。三是指古时村落的特点，即恶劣、凶狠与朴实。②

土，在现代汉语中通常包括四种含义。一是土壤，泥土。"土，地之吐生物者也。二象地之下、地之中物出形也。"（《说文·土部》）二是土地，国土。"达于上下，敬哉有土。"（《书·皋陶谟》）三是乡里。"君子怀德，小人怀土。"（《论语·里仁》）四是民间独有的东西。如土产品、土专家与土纸。

以"乡"为基础，拓展出乡土与乡村两个词语，基于我们对"乡""土"与"村"三个字的含义的分别溯源，乡土与乡村既有相似的含义，也有各自的倾向与重心。就共同点而言，乡土与乡村的基础都是"乡"，都指城镇以外的人口所居住的区域，同时也包含该区域内人为划分的单位，如行政区划、家乡。就区别而言，乡土是乡村产生的基础，乡村是建立于乡土之上的人口居住区。前者重内涵，倾向于阐释人与土地等自然资源的共生共存关系。后者重形式，是肉眼可见的非城镇的人口居住区域。如果把乡村和乡土分别作为道德的修饰语，即分别为乡村道德和乡土道德，乡村道德指维持乡村社区人与人关系的规范，乡土道德强调道德与乡村生产生活实际的联系，更倾向于强调乡土道德产

---

① 汉语大字典编辑委员会. 汉语大字典 [M]. 成都：四川辞书出版社，武汉：湖北辞书出版社，1987：3786.

② 汉语大字典编辑委员会. 汉语大字典 [M]. 成都：四川辞书出版社，武汉：湖北辞书出版社，1987：1158.

生的基础和适用场所。就实际而言，乡村道德除具有乡土特性外还具有中华民族共同的道德基础，在此意义上使用乡村道德比使用乡土道德更符合土家族乡村的特点。

三、道德与伦理

从词源学的视角来看，道主要包括两种含义。一是《道德经》中对"道"的含义的界定，认为道是世界的本原。如《老子》第二十五章："有物混成，先天地生。寂兮寥兮，独立不改，周行而不殆，可以为天下母。吾不知其名，强字之曰'道'，强为之名曰'大'。大曰'逝'，逝曰'远'，远曰'反'。

故道大，天大，地大，人亦大。域中有四大，而人居其一焉。人法地，地法天，天法道，道法自然。"① 二是指事理与规律。《周易·说卦》："是以立天之道曰阴曰阳，立地之道曰柔曰刚，立人之道曰仁曰义。"在人的层面指做人先定的行为方式，在事物层面主要指事物运行的内在规律。无论是做人的准则还是事物运行的规律，这都是天然不能改变的，属于自然之理。如《郑析子·无厚》："夫舟浮于水，车转于陆，此势之自然也。"即为此意。

"德，升也。从彳。"（《说文解字》）"彳，小步也。象人胫三属相连也。"（《说文解字》）在此基础上，德的引申含义主要包括四种。一是升或登，"古升、登、陟、得、德五字义皆同"。二是道德、品行。"君子进德修业。"（《周易·乾》）孔颖达疏："德谓德行，业谓功业。"三是贤达之人。"皇天无亲，惟德是辅。"（《尚书·蔡仲之命》）

---

① 陈鼓应. 老子今注今译[M]. 北京：商务印务馆，2003：169.

四是德政、善教、感恩与感激等含义。① 总体而言，德有动词与名词两种解释。动词解释为上升与提升。名词解释为贤达之人所具备的道德与品行。杨荣国先生也对"德"进行了考证，他说"德"在卜词中是"值"，从直从心，意思是"做事做得适宜，于人于己都过得去，无愧于心"②。在动词意义上，他认为"德"即"得"，即得到的意思，强调一种人人或人物之间的互生关系，当个体的思想和行为适宜，且无愧于心，个体本身也能得到收益。在此意义上，"德"是对人与他者之间关系的描述。叶澜先生把德界定为处世、行事与立身的规范和方式。③

"道德"是"道"与"德"两者的结合体。道强调的是一种先定的理路或规则，德即包括对得起天、地与人的行为规范，也指一种收益。按照付出收获的关系，德可视为当个体的行为对得起天地时，个体自然会得到源自天地或社会的益处。基于上述的解读，笔者认为道德指以善为基础，按照先定的理路与规则行事而形成的群体认可的个体与他者之间应保持的关系。费孝通先生从功能的视角对道德做出了解释，他认为："道德是社会对个人行为的制裁力，使他们合于规定下的形式行事，用以维持该社会的生存和绵续。"④

伦理与道德相关的含义主要有两种，即道理和伦常、纲纪，如《中庸》："今天下车同轨、书同文、行同伦。"孔颖达注疏："伦，道也，言人所行之行，皆同道理。"也就是大家都认同的准则或原则。又如《孟子·滕文公上》："教以人伦：父子有亲、君臣有义、夫妇有别、长幼有叙、朋友有信。"理在古汉语中除指玉石上的纹理外，在社会关

---

① 汉语大字典编辑委员会. 汉语大字典 [M]. 成都：四川辞书出版社，武汉：湖北辞书出版社，1987：841.
② 杨荣国. 中国古代思想史 [M]. 北京：人民出版社，1973：9.
③ 叶澜. 试析中国当代道德教育内容的基础性构成 [J]. 教育研究，2001（09）：3-7.
④ 费孝通. 乡土中国·生育制度·乡土重建 [M]. 北京：商务印书馆，2011：33.

系中有道理的含义，如《广雅·释诂三》："理，道也。"《易经·系辞上》："易简而天下之理得矣。"其中的理即道理。

笔者在文献梳理中发现，相关学者在讨论伦理与道德的关联时，始终把伦理与道德联系起来讨论，这证明道德与伦理之间存在密切关系。关于伦理与道德的关系，具有代表性的观点或用法主要有三种。一是将伦理和道德区别对待，如余文武教授认为伦理关系是相对稳定的，其基本形态和基本性质都不会轻易发生改变。道德关系比较活跃，具有多样性和变动性。[①] 二是把伦理与道德直接组合使用。这种现象见于很多学术著作和论文中，如中国知网中搜索到篇名中包括"伦理道德"四个字的文献达 3000 余条。三是以伦理代替道德或以道德代替伦理。如学者李健认为伦理指在处理人们之间相互关系时应当遵循的道德和规则，伦理与道德在西文中分别是希腊文"ethos"和拉丁语"mos"，同为风尚、习俗、性格之意，因此两者在含义上是可等同的，这种用法与我国《辞海》中的用法也相同。[②]

在道德研究领域，通常认为道德包括道德认知、道德情感、道德意志和道德行为四个方面的内容。道德认知的对象是道德条文或规范，道德情感、道德意志和道德行为都属于道德条文或规范在个体身上的运用或体现，伦理更多是学科概念，道德属于其研究的对象，在内容层面上伦理指人们集体认可且遵循的规则或行为指南。因此伦理属于大道德的范畴，它相当于道德的准则、规范或者条陈，道德不仅包含伦理，并且更多强调伦理条陈在现实生产生活中的作用和效果，或者说对社会的影响。

---

① 余文武. 民间伦理共同体研究［M］. 武汉：武汉大学出版社，2018：240.
② 李健. 现代管理学基础［M］. 大连：东北财经大学出版社，2011：340-341.

四、道德习俗与失范

(一) 道德习俗

"道德是调整人与人之间、个人与社会之间的行为规范的总和,是由社会经济决定的并反映社会存在的社会意识形式之一,是一种通过社会舆论、良心信念、风俗习惯来实现的评价标准,道德是一种内在于人的需要并体现人类主体精神。"[1] 道德成为历代民族成员自觉认同并遵守的规范时,道德本身就成为习俗。习与俗在古代汉语中的含义基本相同,如《说文·人部》:"俗,习也。"俗还有通性和大众之意,如《颜氏家训·教子》,"俗谚曰:教妇初来,教儿婴孩"。其中的俗即大众之意。习俗是特定民族或村寨共同遵守的生产生活习惯,如土家族地区低海拔村寨的运物方式是挑的习俗,高海拔村寨是背的习俗;女孩子出嫁有哭嫁的习俗;入住新房有祭祀和谢土的习俗。习俗是约定俗成且大家都遵照执行的规范,不执行既定习俗者会被当地人视为异类,甚至会遭受族人的惩罚。土家族地区的习俗大体相同,但在社会变迁过程中各地也有差异,以婚俗为例,沿河县也存在两种习俗,俗语常说"石马三沟兴子弟过门,土地坳官舟兴肥猪换夫人"。意思是说同为土家族,石马三沟片区青年男女结婚时要求新郎前去新娘家接亲,并且还要坐在宴席的上方,但男方不需要送半头猪肉给女方;土地坳官舟片区青年男女结婚时新郎不需要去新娘家,但婚礼前一天新郎家要赠送半头猪肉给新娘家用来办酒席。道德习俗即人们生产生活中形成并遵循的一套不言自明、不怒自威和自觉遵守的习惯和准则。乡村人口从出生开始便潜移默化地接受着其所属乡村道德习俗的影响,外来人员也必须尊重当地的道

---

[1] 陈金华. 应用伦理学引论[M]. 上海:复旦大学出版社,2006:2.

德习俗。道德习俗一经形成并稳定后,其对民族成员具有无言的约束力。道德习俗是民族成员相互认同的重要佐证或信物,在道德习俗笼罩的范围之内,不遵守道德习俗者会遭到排挤或惩罚。

(二) 道德习俗失范

传统乡村道德本身已成为习俗,以潜移默化、约定俗成的形式引导和约束人们的思想和行为,成为传统乡村社会经济、政治、文化和社会治理的基础,维护着乡村社会秩序,其区域内的人口总是在有意识和无意识的情况下按照道德习俗思考和行事。当然其在社会变革中也可能通过自己的惯性阻碍新道德习俗的形成。由于道德本身属于抽象层面的内容,独立的道德很难发挥作用并且也很难在民族地区传承,在此意义上道德习俗要依托民族地区的生产生活实践活动、休闲娱乐活动、宗教活动等载体才能得以传承并发挥引导人们有序和规范地行事的价值。

乡村道德习俗失范是指指导传统乡村运行的道德习俗在现代化的进程中已难以适应社会发展的要求,主要表现在两方面:一是传统道德规范很难有效引导和制约现代乡村居民的思想和行为,甚至被视为新乡村道德建设的阻碍;二是现代乡村人的思想和行为缺少有效道德规范的引导和制约,影响到乡村振兴战略的推进和现代乡村治理体系建设。

第二章 乡村道德习俗生成溯源

西方文化中，道德的含义是习俗，习俗的英语单词为 mores，是拉丁语 mos 的复数，后演变为 moralis，西塞罗首先在这个意义上使用了它。美国学者威廉·萨姆纳首先在《社会习俗》中把习俗这个词变为通俗性词语，指某种习惯性的东西，也指人们习惯于做的东西。[①] 习俗是群体认同的习惯与风俗，其产生的目的是维护群体的生存、安全、发展和繁衍，因此道德是群体视角上的道德。尽管现实中也有个人道德的说法，但个体道德最终还是为维护群体的关系或群体利益服务。无论是群体层面的道德还是个体层面的道德，它都是群体共有，受群体监督。群体道德实际上必须依靠个体才能实现，因此个体道德本身属于群体道德在个体身上的表征。影响群体生存、安全和繁衍的因素很多，此类因素同样会影响道德的生成与发展。从道德起源而言，道德的产生源于群体问题的解决，群体生产生活中的问题可能源自人性、自然环境、社会协作和精神信仰四方面，因此笔者主要从这四个维度讨论道德产生的根本动因。从功能主义视角看，道德习俗存在的目的是维持人类社会发展过程中的平衡，不平衡即存在问题，因为不平衡所以需要道德。社会问题总是随着社会的变迁不断出现，相应地，道德习俗在变迁过程中也应该有所调适。

---

① ［美］弗姆. 道德百科全书［M］. 戴杨毅等，译. 长沙：湖南人民出版社，1988：368.

第一节 乡村道德习俗的思想基础

一、自然环境与道德习俗

地理环境是民族文化与民族精神孕育的温床，不同的地理环境孕育着不同的民族文化习俗与精神。道德在人类与国家层面上具有普适性特征，而在聚落、村寨层面具有个性化特征。普适性的道德讨论的是人类社会运行与发展需要解决的共性问题，而个性化指道德在具体的群体或社区中需指向具有独特性的问题的解决。后者形成的基础通常与自然环境、资源与交通密切相关。例如，在传统农业社会，傍水而居的群体通常会敬河神，依山而居的群体会敬山神，相应地形成与水、与山共处的道德规范以及相应的道德运行机制。

（一）我国传统的自然道德观

与西方上帝创世说不同的是，我们的祖先在与自然相处的过程中形成了一套自己的关于万物起源的学说，并在此基础上衍生出一套具有中华民族特色的道德观。《道德经》第四十二章："道生一，一生二，二生三，三生万物。万物负阴而抱阳，冲气以为和。人之所恶，唯孤、寡、不穀，而王公以为称。故物或损之而益，或益之而损。人之所教，我亦教之。强梁者不得其死，吾将以为教父。""道"是世

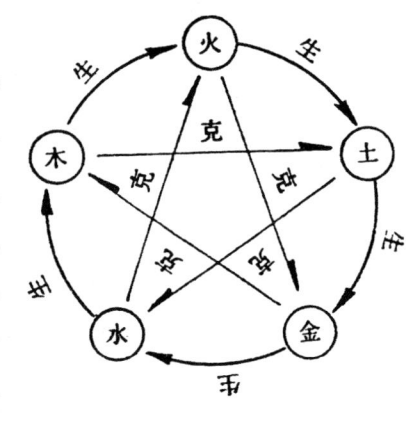

图 2-1

界的本源，其包含阴阳二气，阴阳二气交融为一种适合的状态，从而生出万物，万物背阴向阳而形成和谐的整体。从这里可以看出，在我国传统的世界观中，"和"是世界运行的最佳状态，相应地规约人的思想和行为的道德要以"和"为目的，遵循"物或损之而益，或益之而损"的基本规则，如帝王通常用"孤、寡"称呼自己，这样反而容易受到尊重。我们现在强调"满招损、谦受益"的做人准则中也可以找到共同点。在"和"的基础上，我国古人构建了五行相生相克的体系（见图2-1）。五行相生相克的最终目的是平衡，即"和"或者"中庸"，这构成了我国儒家传统文化的精神核心，也是道德功能的实践指向。

在五行相生相克的体系中，古人构建与此对应的生辰八字测算体系。生辰八字测算尽管在现代科学体系中被视为具有唯心色彩或者是迷信，然而其本质上也可视为从道德层面对人思维和行为的期望和要求，最终目的是达至"和"的状态。如金命克木命，火命克金命，基于这样的假设，人伦关系中的最佳状态为金命与木命最好不要共事或共同生活，因为这样木命的人会受损。假设基于《周易》的算命是正确的，如果算命过程中发现命中缺什么元素，算命先生则要求要补什么元素，补的目的也是求"和"。又如算命先生测算某人是凶命，化解凶命的方式可能是修桥补路，或者多做其他公益性活动，这种行为不仅具有道德教育的价值，同时提出的化解要求也是以"和"为导向的。在此意义上，"和"是儒家道德观的基础也是归宿。

除前述的《道德经》第四十二章以外，关于道德的自然起源观也能在别的地方找到相应的论述依据，相关论述主要采用自然类比法。《周易》中相关的论述主要有："天行健，君子以自强不息。"（《周易上经·乾》）"地势坤，君子以厚德载物。"（《周易上经·坤》）"洊雷，震。君子以恐惧修省。""随风，巽。君子以申命行事。"（《周易下经·巽》）"天与水违行，讼。君子以作事谋始。"大致含义为：君子要似天道运行形成永远向上的品德；仿大地的博大形成宽厚的德行；从雷声连续轰响中修身省过；从和风的美德散播好的政令；从天与水相反而行的规律中形成做任何事需提前思考，做好打算的品德。《道德经》其他地方的相关论述还有："人法地，地法天，天法道，道法自然。"（《道德经》第二十五章）"道"是万物之源，以人类无法干预的法则自主运行，天以道的法则运行，地以天的法则运行，人以地的法则思考和行事。"孔德之容，惟道是从"（《道德经》第二十一章）强调德源于道。道是自然的原本规律，人的思想与行为要遵循自然的法则，不能去做违背自然法则的事，即无为而为，道法自然。

在其道法自然思想的逻辑起点上，老子提出人应该具备高尚的道德品质，这种美德称之为"善"。"善"作为德行的基质，在自然视角上，具有无私与不争的特点。例如："天地所以能长且久者，以其不自生，故能长生。"（《道德经》第七章）人的行事就需要无私，不为私利，这样反而能有所成就，表达的是人需要有奉献精神。"水善利万物而不争，处众人之所恶，故几于道。"（《道德经》第八章）这里是以水的"不争"精神比喻做人要具有不争的品质。《论语》中也有相关论述："君子成人之美，不成人之恶。小人反是。"（《论语·颜渊》）由此推出君子需具有成全或成就他人的美德，而小人常使他人陷入困难的境地。

总体而言，我国古人把自然作为人类诞生之母，从宇宙运行中凝练出"和"（中庸）的思想；古人视人为自然之子，人与自然、人与人、人与神的交往中也需以"和为贵"，以实现最佳的中和状态。在此意义上，笔者认为"和"是我国传统道德的思想精髓，是古代道德的终极目的，也是最高理念。

（二）西方哲人的自然道德观

早在古希腊时期，西方社会就有自然法理论，即把自然运行之法作为道德的基础，把自然法理解为自然法则与理性法则合一的道德法则，这种思想在现代的西方社会仍占有一席之地。① 孟德斯鸠也论证了自然环境与文明产生存在密切关系，它在《论法的精神》中认为："地理环境，特别是气候、土壤和居住地域的大小，对于一个民族的性格、风俗、道德和精神面貌以及其法律性质和政治制度，具有决定性的影响作用。"② 孟德斯鸠尤其重视土壤对道德形成的决定关系，他认为："土地贫瘠，使人勤奋、俭朴、耐劳、勇敢和适宜于战争，……土地膏腴使人因生活宽裕而柔弱、怠惰、贪生怕死。"③ 在汤因比的《历史研究》中也能找到类似的观点。汤因比尽管没有明确论证道德与自然环境的关系，但是他论证了文化的形成与自然环境的关系，而文化精神中本身蕴含着道德精神，道德与自然环境之间存在紧密的关联，这种关联可表述为自然环境的好恶会产生相应的道德精神，也会让人过着与之对应的道德生活。汤因比对比了游牧社会与农业社会中人与自然之间的关系，他认为游牧民族是采用"逐水草而居"的方式追随自然的变化向自然索取食物，表面上看他们是利用自然，本质上却被自然所控制，他们把所有的精力用于适应自然环境或躲避自然的挑战，因此他们的文明较为浅短。农业生产者比其高明之处在于他们不是在一味逃避困难，而是在研

---

① 黄云明. 马克思劳动哲学视域下的道德起源论［J］. 湖北大学学报（哲学社会科学版），2021，48（03）：31-38，176.
② 王树人，李凤鸣. 西方著名哲学家评传：第五卷［M］. 济南：山东人民出版社，1984：156.
③ 王树人，李凤鸣. 西方著名哲学家评传：第五卷［M］. 济南：山东人民出版社，1984：156.

究自然习性的基础上探索出驯化自然的技巧。① 在这个过程中农业生产者根据自然特性与自然形成一种索取与保护并存的可持续依存关系，源于并高于此种关系之上的理念、习俗与行为我们都可称之为道德。汤因比也从自然环境恶劣程度的视角讨论了人类文明法则与自然环境的关系，他认为爱斯基摩人在与恶劣自然环境的接触中形成了坚毅与勇敢的道德品质，但是其道德精神产生的目的是获得食物。

达尔文在传统自然法理论的基础上，通过对生物起源的研究提出了道德源于人的社会性本能，而这种本能即人的自然属性。他认为："种种社会性的本能——而这是人的道德组成的最初的原则——在一些活跃的理智能力和习惯的影响的协助之下自然而然地会引向'你们愿意人怎样待你们，你们也要怎样待人'这一条金科玉律，而这也就是道德的基础了。"② 斯宾塞基于达尔文的生物进化论，把人类历史视为自然发展的过程，更加系统地阐释了基于生物学、生理学和心理学的人类道德起源理论，并认为人的社会地位是自身禀赋决定的，因此应对自己的境遇和社会地位"认命"，这种道德观显然是为维护资本主义统治而产生。达尔文生物进化论是马克思道德思想形成的重要的自然科学前提，马克思把劳动作为人类道德形成的重要基础和发展动力，人在生产劳动中必然会产生分配、交换关系，其中也会产生基于利益分配的矛盾，道德则成为解决相应矛盾的主要凭据和指南，反之基于解决矛盾而促进道德产生与发展。

我国传统的道德观与西方的道德观在起源的原初假设上有所差异。

---

① [英]汤因比. 历史研究：上卷[M]. 郭小凌等，译. 上海：上海世纪出版集团，2009：165.
② [英]达尔文. 人类的由来：上册[M]. 潘光旦，胡寿文，译. 北京：商务印书馆，2017：190.

我国关于道德起源的观念与人类起源的推论密切关联，形成了从宇宙（天地）秩序到人类社会秩序的道德生发观。西方哲学中倾向于从自然环境、生物进化以及劳动实践的视角讨论道德的起源。从目的上看，我国的道德观重在维持人与自然、人与人的"和"，以达到安其所、遂其生的状态，而西方更多是从人的社会性、经济性的视角讨论道德的起源和发展，道德产生和发展的目的是平衡与维持人的动物性中所固有的"私"。马克思主义也是从维持社会关系的视角讨论社会道德的功能和发展。综合我国传统社会的伦理道德观与马克思主义道德观，笔者发现二者之间存在有效的互补关系。我国传统的伦理道德观强调要建立人与人、人与自然和谐共处共生的生态道德体系，而对道德与社会的关系探索稍显不够，这可能与我国几千年形成的自给自足的农耕文明密切相关。现代西方的伦理道德观更多是从人本身出发讨论道德的产生与发展，因此其更倾向于解决人与自然逐渐疏离的现代社会所产生的道德问题。笔者认为，从人类社会的可持续发展看，我国传统的以"和"为目的的伦理道德观是解决人类社会发展问题的根，西方的基于人本身建立的伦理道德体系可视为我国传统伦理道德观在工业文明中的实践形态。

二、人的本性与道德习俗

弗兰克尔以达尔文的进化论为依据，认为人类的活动具有明显的"外化"特征，这种"外化"类似于心理学中所讨论的"投射"，即人类会把自己的想法以"外化"的形式投射到人与事物的各种交往关系中，这种思维方式类似于修辞学中的"拟人"。他认为黑格尔与马克思也讨论过"外化"，但二者都赋予"外化"贬义特性，认为"外化"属于人异化的一个方面。与二者不同的是弗兰克尔把"外化"界定为

"人类劳作、创造自己的环境的一种基本能力"①。笔者借鉴了弗兰克尔关于人具有"外化"能力的观点讨论道德的起源与发展。"外化"是人特有的能力,是道德产生的重要推动力,道德也可视为人心理活动过程在事物上的投射,从而产生道德行为规范,并反过来规范人的心理与行为。人性是人类天然的本性,人性决定着人的思想与行为,决定着人如何与他人以及环境相处,人性也会影响道德习俗的生成。

尽管我们强调个体的独特性与独立性,但人身上呈现更多的是群体性特征,个体的道德行为是群体道德规范在个体身上的映射。人性在此视角上表现为人在与人接触过程中所表现出来的价值倾向性,比如,是利己还是利他,是无欲无求还是贪得无厌,是懂得节制还是无限放纵。人遵守群体性道德习俗是个体寻求自我保护的手段,人若不需要依靠他者自我保护,人则会呈现为私性,如果个体只有私心而没有公心,其生存必须依靠自己强大的超越集体力量的能力,否则其必须具有公心。在此意义上,笔者认为人性最为基本的两种属性即私性与公性。伦理道德是维护群体公共性的需要,也会在适当范围内对符合群体利益的个体私性进行保护。

(一)我国人性观与道德

"德"是我国古代最为重要的治理手段,也是维护古代社会公共秩序的基本凭据。与"德治"相关的是"人治"。人治通常被认为是贬义词,其意为专制,即个别人利用手里的权力恣意掌握和摆布他人的命运。尽管人治变为专制的情况在历史上也常见,然而从我国传统的治理文化中可发现,人治与德治是并存的,甚至可以理解为人治在本质上是人按照"德行"履行治理职责,而出现专制现象的根源是治理者的

---

① [英]弗兰克尔.道德的基础[M].王雪梅,译.北京:国际文化出版公司,2006:104.

"德行"修养不够。我国古代的治理遵循的逻辑是：天道（天理）—天子（代天治理臣民的人）—多种多样的治理行为。天道（天理）是普适性的，是维护自然、社会生态的法理规则，天命不可违指人们必须遵守这种普适性的天理。天子作为天命的代言人与执行者也需按天命履行自己的治理职责，道德是天子行使治理行为的主要凭据。《吕氏春秋·离俗览·上德》："为天下及国，莫如以德，莫如行义。以德以义，不赏而民劝，不罚而邪止。此神农、黄帝之政也。以德以义，则四海之大，江河之水，不能亢矣；太华之高，会稽之险，不能障矣；阖庐之教，孙、吴之兵，不能当矣。故古之王者，德回乎天地，澹乎四海，东西南北极日月之所烛。"此段话说明了德治在古代社会中的重要性，甚至德治的效果胜过法治。依靠道德原则治理国家，能达到"虚素以公，小民皆之"和"教变容改俗，而莫得其所受之"的效果。道德属于习俗的一种类型，治理需要使人掌握一定的道德规范，习俗则需要发挥道德教化的功能。道德主体是人，关于人是什么的判断自然成为道德生成的基础。

　　人性论的核心是"性"，性是天然的无可改变的特征。人与动物之间之所以有差别，原因在于人具有人性，动物具有兽性，因此才有"禽兽不如"的说法。中国历史上的人性观在《尚书》与《诗经》中均有提及，但都不够明确。明确对人性进行讨论的是春秋末期的孔子，之后相关学者也针对人性进行了相应的探讨。孔子人性论可视为我国古代人性讨论的开端，如"性相近也，习相远也"（《论语·阳货》）中的性即人性。[1] 人具有天然的相同的习性，后天的影响与教育会导致人的习惯存在差异。人分为上智、下愚与中人"三性"，因此孔子的人性

---

[1] 孙培青，任钟印. 中外教育比较史纲：古代卷 [M]. 济南：山东教育出版社，1997：183.

观把人性视为遗传的智力特性，他并未从善恶的视角对人性进行道德上的价值判断。① 尽管如此，孔子也提出了自己的见解，如"中人以上，可以语上也；中人以下，不可以语上也"（《论语·雍也》）。针对不同聪慧程度的人需要采用不同的方式对其施加教育影响。孔子之后，从道德视角讨论人性的研究增多，从而形成了具有道德性的人性观，主要包括性无善无恶论、性善论、性恶论与善恶混合论四种类型，四种人性论对应着四种不同的道德观。

"人性无善无恶论，由告子首创。告子人性论的特点是，以'生之谓性'为前提，以人之食欲性欲与生俱来为根据，将人性归结为人有食欲和性欲（食色，性也），最后得出人性无善无恶的结论。"② 他将人性等同于食欲、性欲，显然是站不住脚的。因此告子本身并未从道德的视角对人性做出界定，而讨论的是人的生理本性，类似于西方学者洛克的经验人性论。

性善论的代表人物是孟子，其认为人的本性是善的，道德教育需要充分发展人的善性。他认为："恻隐之心，人皆有之；羞恶之心，人皆有之；恭敬之心，人皆有之；是非之心，人皆有之。恻隐之心，仁也；羞恶之心，义也；恭敬之心，礼也；是非之心，智也。仁、义、礼、智非由外铄我也，我固有之也。"（《孟子·告子上》）"恻隐""羞恶""恭敬"与"是非"这"四心"是人固有的善的本性，道德教育是基于"四心"形成仁义礼智四种品德。他认为"四心"如人的四体，共同形成善的道德体系。"恻隐之心，仁之端也；羞恶之心，义之端也；辞让之心，礼之端也；是非之心，智之端也。人之有是四端也，犹其有

---

① 孙培青，任钟印. 中外教育比较史纲：古代卷 [M]. 济南：山东教育出版社，1997：183.
② 张宽政. 人性论 [M]. 北京：线装书局，2013：10.

四体也。"(《孟子·公孙丑上》)老子尽管未明确提出人性是什么,但是其"无为而治"的治理理念本质上也可归为性善论,原因在于只有人性本善,才能推行无为而治。如果人性是恶的,那么社会则会依照丛林法则运行,达不到文明治理的效果。

性恶论的代表是荀子,他认为人的本性是恶的,后天的道德教育即纠正这种"恶"的本性,这样才能变成善人。"人之性恶,其善者伪也。今人之性,生而有好利焉,顺是,故争夺生而辞让亡焉;生而有疾恶焉,顺是,故残贼生而忠信亡焉;生而有耳目之欲,有好声色焉,顺是,故淫乱生而礼义文理亡焉。然则从人之性,顺人之情,必出于争夺,合于犯分乱理而归于暴。故必将有师法之化,礼义之道,然后出于辞让,合于文理,而归于治。用此观之,人之性恶明矣,其善者伪也。"(《荀子·性恶篇》)荀子认为人类世界存在的争夺、残贼、淫乱源于人好利、妒忌、憎恨与好声色之本性,这种本性导致辞让、忠信、礼义等消失,因此需"师法之化"改变人"恶"的本性,形成善的本性。朱熹尽管没有明确提出性善或性恶的主张,但从其著述中发现其持有性恶论的观点。他认为教育的目的是"存天理,灭人欲","人欲"即基于人感官的欲望,这些不是善的东西需要灭掉,因此需要建立"三纲五常"的道德伦理关系来规约人的恶的本性(即人欲)。如果不对"人欲"进行规约,社会可能会不稳定,相应地,封建王朝的统治将不稳固。

善恶混合论认为人的本性既有善也有恶,因此要重视后天的教育,使其具备善的本性,否则人可能发展恶的本性而成为恶人。东汉哲学家王充认为善恶混合论源于战国时期的世硕,他在《论衡》里说:"周人世硕以为:人性有善有恶。举人之善性,养而致之则善长;恶性,养而致之则恶长。"当然类似的观点还包括董仲舒的"性三品"说、扬雄与韩愈的学说。扬雄认为："人之性也，善恶混，修其善则为善人，修其恶则为恶人。气也者，所以适善恶之马也与?"(《法言·修身》) 他基于善恶混合论提出了"强学而力行"的道德教育方法，以达弃恶扬善之目的，此外还提出了"休其身而后教""君子上交诏，下交不渎"等道德交往准则，扬雄也赞同儒家思想中仁义礼智信等道德纲常。

我国古代的人性论主要包括四种，即性善论、性恶论、性无善无恶论、善恶混合论，四种学说的本质基础是性恶论与性善论。性恶论是从人的生物本性中的"私"讨论人性，因此需要伦理道德对人的动物私性进行规约，促成善的本性生成。性善论认为人性本善，这种善本身属于道德属性，社会治理需要发扬人固有的善性。善恶混合论综合了性善论与性恶论两种观点，因此需要建立善主导的道德教育体系，扬善抑恶，这也是儒家道德体系的核心思想。无善无恶相当于人的心灵是一张白纸，因此需要加强后天的道德教育，让人成长为道德高尚之人。

(二) 国外人性观与道德

西方对人性的探讨主要分为三个阶段，主要包括"古希腊哲学人性论，中世纪神学人性论，文艺复兴以后资产阶级人性论"[①]。笔者在这里主要从古希腊的人性观、中世纪的神学人性观与资产阶级人性观三个维度讨论西方的人性观与道德。

1. 古希腊的人性观

古希腊哲学中的人性观。古希腊学者对人性的探讨源于人与动物差异性的探讨，即从人与动物的对比中探讨人的本性。如德谟克里特认为人与动物的本质区别是良心，应当追求幸福，尤其需要追求精神层面的幸福。苏格拉底认为智慧的人可以做出美好的事，愚蠢的人可能做出不

---

① 张宽政. 人性论 [M]. 北京：线装书局，2013：12.

美好的事。智者提出的相对主义感觉论不足以解决当时的社会问题，因此教育应该培养人的"美德"，道德的最高目的即善的观念，对于善是什么，苏格拉底认为善是上升到理性层面的，对国家和社会有益的、合法的与有序的行为，美德由知识来判断，知识出于理性，理性是人固有的善的天性，因此美德是通过知识学习获得的。[①] 柏拉图作为苏格拉底的学生，其人性基础是人性三等论，他认为人分为金质、银质、铜铁质三等，三类人在社会上对应的角色分别是统治者、武士与商人、手工艺人，他认为人天生具有欲望、意志与理性，教育则可以培养人的理性，这样对应的三类人才能在各自的岗位上做好自己的本职工作，这就是善。亚里士多德作为柏拉图的学生，他对柏拉图的思想进行了扬弃，认为人的心理分为理性与非理性两个部分，在此基础上形成以知识和智慧为载体的理性道德，理性道德可以通过教育和训练得来，非理性道德则通过习惯获得。总体而言，古希腊哲人讨论人性是在先验论的前提下进行的，在道德层面上，其讨论人性的目的是追求人性中的"善"，因此古希腊建立了以善为核心的道德体系。

2. 中世纪的神学人性观

中世纪神学中的人性观。神学体系中包括人与神，最高的神是上帝，上帝是善良的，是完善的道德楷模，人是上帝创造的，但人类始祖亚当和夏娃偷吃了伊甸园的禁果，这种偷盗行为是上帝不允许的。因此在神学中，人类自亚当和夏娃起就有罪，即基督教的原罪论，相应地，亚当夏娃的后代都有罪，人来到世界上是受苦也是为了赎罪。在此意义上，人性本身是恶的，神性是善的。这就需要人参照上帝这个完美的道德楷模，努力学习、虔诚修炼，人性中的恶可以通过不断修炼而祛除，

[①] 吴式颖，任钟印. 外国教育思想通史：第二卷[M]. 长沙：湖南教育出版社，2000：187.

无限接近上帝这个道德楷模。

3. 资产阶级人性观

资产阶级人性论思想的繁荣源于思想启蒙，资本主义的发展解放了人们的职业，也相应地解放了人们的思想，中世纪盛行的原罪论思想遭到质疑和摒弃。因此，资产阶级人性论者在讨论人性的过程中不再把人性完全置于超自然的上帝身上，而是回到现实生产生活中思考人性。资产阶级人性观主要包括善、恶与私等观点。持善的观点的学者从人的自然性的视角讨论人性本善的问题，从而提出相应的道德教育观。如卢梭从自然主义的视角认为人性是善的，因此提出了儿童教育需要顺应人自然本性的主张。黑格尔则持有善恶混合的观点，他认为善与恶源于意志，并且二者不可分割。洛克的白板说则带有无善无恶的道德经验主义色彩。

三、万物有灵与道德习俗

讨论神灵我们首先想到的是宗教，宗教与神灵似乎是同宗同祖的，宗教的初级形态是对神灵的信仰，基于神灵的信仰被系统化和政治化后，随即产生了宗教。当然还有一种观点认为宗教的产生源于统治的需要，因为宗教不仅能给穷人带来心理上的安慰也能稳固统治，维护特定的社会秩序。广义上看宗教本身属于神灵的范畴，神灵论通常是多神论，而宗教更多是一神论。笔者在这里主要从宗教与神灵两个视角讨论神灵与道德的关系。

（一）宗教与道德

宗教与道德之间存在必然的联系，原因在于其共同的目的性，道德的目的是维护社会的秩序，而宗教同样是维护社会秩序并满足统治的要求。因此宗教与道德之间本身存在着相互交叉与支撑的关系。在基督教层面上，基督教的教义本身蕴含着道德内容，基督教的相关学者结合不同的时代要求对教义进行了时代化与本土化的阐释，在此基础上提出了基于基督教教义的基督教道德观念与内容，其他宗教道德的产生也遵循着相同的逻辑。笔者在这里主要讨论基督教和道德的关系。

哲罗姆是著名的基督教圣经学家，他与基督教其他学者都持有同样的观点，认为人是上帝的创造物，人具有理性与神性，但本质上理性需服从神性。他认为灵魂是神的圣殿，灵魂必须从属于神，为了实现这一目的，人必须得到修炼和教育。神是圣洁的、纯粹善的，人服从神就需要谦卑、服从、朴素与贞洁的道德品质。奥古斯丁作为罗马帝国后期著名的基督教思想家与教育家，"他运用柏拉图主义学说，构建了一套完善的宗教哲学理论体系"[①]。奥古斯丁认为人只有一个灵魂，一种本性，这就是善。善的本源是上帝，因此人类灵魂的善是上帝的善在人身上的投射。上帝是至真、至善与至美的绝对存在，是最高的本质和实体，是永恒不变的存在。以上帝为基础，他提出了比较完整的基督教道德规范，即"七主德"。"七主德主要包括三条神学德目（信仰、仁爱、希望）和四条世俗德目（审慎、节制、坚毅和公正）。"[②] 就奥古斯丁提出的"七主德"而言，部分内容至今仍对人类的思想和行为具有指导意义，尽管其理论与思想可能已与当今的社会主流思想相悖。

（二）泛神论与道德

万物有灵论即泛神论，即人生存环境中的所有事物都与神相关，都被赋予了灵性。在生产生活的精神层面，人类生产生活本质上可视为人

---

① 吴式颖，任钟印. 外国教育思想通史：第二卷［M］. 长沙：湖南教育出版社，2000：69.

② 吴式颖，任钟印. 外国教育思想通史：第二卷［M］. 长沙：湖南教育出版社，2000：87.

与神灵交往的生活。万物有灵论最初由英国人类学家爱德华·泰勒在其著作《原始文化》中提出。他认为："万物有灵观构成了处在人类最低阶段的部族的特点，它从此不断地上升，在传播过程中发生深刻的变化，但自始至终保持一种完整的连续性，进入高度的现代文化中。"①万物有灵论主要包括两个信条。一是所有的生物都有灵魂，这种灵魂在肉体死亡或消失后都继续存在；二是各个精灵本身都能上升到力量强大的诸神行列。②万物有灵论的信仰者认为："神灵被认为影响或控制着物质世界的现象和人的今生来世的生活，并且认为神灵和人是相通的，人的一举一动都可以引起神灵的高兴或不悦，因此对它们存在的信仰就或早或晚自然地甚至可以说必不可免地导致对他们的实际崇拜或希望得到他们的怜悯。"③正是信仰万物都具有的灵性，人类社会中才产生了对周边事物的崇拜与保护行为，在道德视角上这种行为即道德行为，也可视为生态环境保护的最原始习俗。

宗教道德在理念上比万物有灵论高级，其道德性存在于教义中。万物有灵论尽管没有凝练出成文的道德信条，但其具有称之为"公众意见的社会的传统舆论，按照它来确定特定行为的好坏对错"④，我们可以把这种以习俗或习惯的形式传承并发挥作用的道德信仰称为生活道德。尽管其不如宗教性道德信条精致与系统，但其实际教育效果可能更甚。因为在某些民族或国家，宗教实现的是统治目的，通过宗教思想的洗礼使普通民众认同并服从国家统治，甚至为国家献身。万物有灵论不

---

① [英]泰勒. 人类学——人及其文化研究[M]. 连树声, 译. 上海：上海文艺出版社, 1993: 414.
② [英]泰勒. 原始文化[M]. 连树声, 译. 上海：上海文艺出版社, 1993: 414.
③ [英]泰勒. 人类学——人及其文化研究[M]. 连树声, 译. 上海：上海文艺出版社, 1993: 414.
④ [英]泰勒. 人类学——人及其文化研究[M]. 连树声, 译. 上海：上海文艺出版社, 1993: 415.

是宗教，其起源于民众的生产生活实践，与人性、自然环境存在密切联系，它起源于具体的生活也服务于具体的生活。它不需要像宗教一样聚集起来学习和活动，而是在民族成员生产生活实践中规约和指引着人的思想和行为。它能从信仰者的视角赋予其生产生活的信心与动力，维护着人类社会的秩序，当然在人不如意的状态下，它还能予人以心理上的安慰，也能为信仰者自己蒙受损失找到借口，释放人的思想与精神压力。

四、社会交往与道德习俗

社会是人的社会，动物界没有社会，道德也是人的道德，动物界没有道德，只有生物的本能。在此意义上道德只存在于人类社会中，道德的生成有其社会基础，特定的社会形态会产生特定的伦理道德。农业社会有基于农耕文明的伦理道德体系，如我国古代的"三纲五常"属于农业社会的伦理道德规范，其目的是建立稳定的社会秩序，维护与巩固封建王朝的统治。工业社会有基于工业社会特点的伦理道德体系，其目的除维护常规的社会运行外，更为重要的是解决工业社会发展过程中衍生出的道德问题。智能时代提升了沟通效率，但也产生了信任危机，道德发展要致力于解决社会交往中的信任问题，因此道德可视为为解决社会问题而生、而发展。不同类型的社会中人类面临的问题不同，因此道德也会有所差异，尽管如此，道德仍可分为人类社会共同认可的普适性道德和源自地方生产生活需求的个性化道德两种类型。

伦理道德起源于社会经济关系平衡的需求。人在进化过程中逐渐丧失动物固有的生存"特技"，如人没有很多食肉和食草动物跑得快，也不能像鸟一样飞，像鱼一样游，也没有锋利的爪子与牙齿等。为了抵御源自自然的危险，人聚集起来形成了一个群体，用群体的力量战胜困难，因此相互依存性是人最为基本的特性，正是这种相互依存性促进了人类社会的生成。尽管人具有无法摆脱的社会依存性，但其也有自己的个性。从动物性、个体性的视角而言，人具有自私的特性，都希望自己能在社会中占有地位、资源和权力优势，在商品交易中都有贱买贵卖的利己特性，但过度的资源、权力优势势必会破坏社会的平衡，导致个体失去相互依存的庇护环境，最终使得自己不再有抵御外界压力的能力。如果每个个体都为自己的私性而与他者产生冲突并独自生存，那么每个个体都无法抵御来自外界的侵袭，最终人类则会走向消亡。因此个体为生存与发展而结为群体，在资源有限并受到生存掣肘的情况下，每个个体都会在私性上做出妥协，并发展一种能维护集体利益与个体利益的伦理道德规范，以实现自保自救和种族的繁衍、发展。

社会经济关系主要包括家庭关系和超家庭关系两种类型，家庭作为社会的细胞，其运行本身具有较强的生物性特征，家庭成员之间可建立基于血缘、姻亲的纽带关系，因此家庭道德更多是基于繁衍和发展的责任道德。社会是多家庭因生存生活和发展而共同形成的群体，每个家庭都有自己的基于家庭责任的"私"，这种私在社会中则表现为家庭与家庭之间争夺劳动基本条件——土地、林地、牧地等天然资源。在某个超家庭群体所拥有的天然资源充裕的情况下，家庭与家庭之间则争夺优质的资源，为平息和平衡宗族之间的争夺，群体中具有话语权的人物商议制定了村规民约，在以宗族为单位形成的群体中则称之为族规。村规民约或族规属于维持宗族发展的伦理道德。以村落或宗族为单位，各村落和宗族之间因联姻、产品交换而形成超村落的社群，社群基于繁衍和商品交换而结成较村落和宗族而言略为松散的关系。为让姻亲和商品交换关系的健康发展反哺村落或宗族自身的发展，社群内需建立超越村落和宗族的较为普适性的社会伦理道德关系，以此维护社群或区域的健康发展。在交通条件十分落后的时代，绝大部分少数民族成员的社会活动通常被限制在村寨圈子内，甚至部分人一辈子都未离开日常生产生活活动所辐射的范围，在此意义上社群可视为古代社会基层自治单位。超社群之外的治理属于统治阶级治理的范畴，为维护社群的稳定和发展，统治阶级制定了以维护统治为目的的伦理道德规范。

总而言之，以问题解决为导向的乡村道德可分为四个层面的道德，依次为家庭伦理道德—村落与宗族伦理道德—社群伦理道德—国家（统治）伦理道德。前三种道德的功能是自治，国家或统治阶级层面的道德功能是统治，现实中四个层面的道德存在交叉互补的涵盖关系。

第二节 乡村道德习俗的实践寻根

伦理道德的生成与发展与自然环境、人性，以及在此基础上延伸出来的超自然信仰和社会问题解决密不可分，以此为分析框架，L村寨伦理道德的生成呈现出较为明显的自然特性、超自然特性、社会问题特性以及儒家传统文化中的人性，笔者主要从这四个维度讨论L村寨伦理道德的起源，以期能为土家族乡村伦理道德起源的探究提供参照。

一、自然实践中的道德习俗

伦理道德的生成与自然环境密切相关，"一方水土养育一方人""穷山恶水多刁民"都说明自然环境与伦理道德生成密切相关。"穷山恶水多刁民"带有贬义，换个角度看，这里的"刁"主要指一种执着精神和永不言弃的坚忍品格。这种精神和品格主要由贫瘠山区中的人为生存而铸就的。L村寨处于自然环境条件极其恶劣的山谷中，加上周边人口密度较大，因此在向自然索要生活物资的过程中形成了具有明显地域特点的伦理道德精神。

（一）L村寨的自然环境概述

1. 地形与交通

L村寨位于不规则漏斗状地形的底部（图2-2中的"+"处），海拔约250米，漏斗西边内侧横着一条南北向的山脉，海拔约1千米，此山脉东侧延伸出数条山脉，其中离L村寨最近的两条山脉形成了漏斗地形。另外两边，南面山脉的海拔约600米，北面山脉的海拔约600—800米。南北两条山脉同时向东南延伸，并在离L村寨大约3千米的地方被乌江及其支流分别截断，截断后河对面的山脉尽管略低，但海拔也达到600米左右。由于位于漏斗底部，村寨人出行和生产都极为困难。尽管土地资源都位于村寨周边，但生产活动不是上坡就是下坡，有些耕地甚至要步行半小时才能到达。就外出办事和交易而言，上中学、购买相对稀缺的物品以及到镇政府办事，必须步行翻过西边山脉，往返花在路上的时间约8小时。另外人们常去的另一个市场位于寨子东北边，步行到市场上需翻越东北边的山脉，同样花在路上的往返时间约8小时。最近的市场位于寨子的东南边的河对面，在跨河大桥未修通之前到此集市交易要通过渡船过河，再翻越河对面的山脉，花在路上的往返时间约3小时，尤其遇到洪水季节则不能过河。

<<< 第二章　乡村道德习俗生成溯源

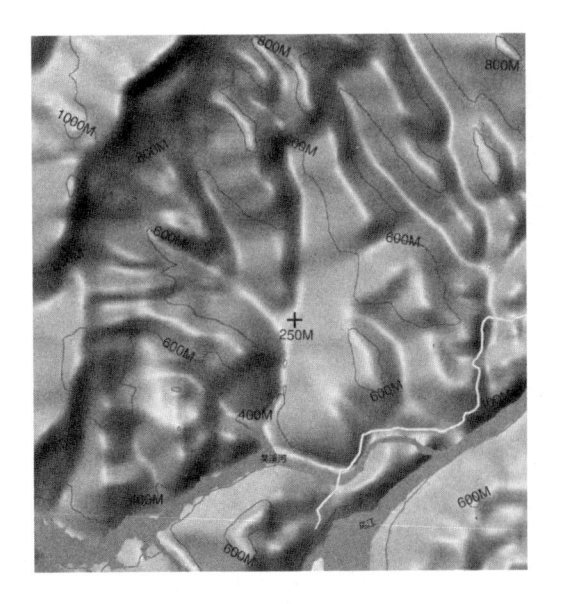

图 2-2

图 2-3

图 2-4

图 2-5

图 2-6

山水的阻隔以及远离市镇使得 L 村寨人生活在相对封闭的环境中，人们只能过着面朝黄土背朝天的生活。但封闭的环境并未禁锢人们追求美好生活的信心，2010 年以前人们依旧通过自己的脚步丈量出山的路，孩子们依旧背着粮食等生活物资翻山越岭到 30 千米外的镇上求学。现在从卫星地图上能看到几条公路，事实上这些公路大部分是脱贫攻坚期间在国家政策的支持下修建而成的。即使是今天，竖着穿过寨子的公路仍旧是毛路，还不能通车。交通闭塞不仅在一定程度上延缓人们出山的步伐，同时使得村寨的民族文化保存相对比较完好。交通闭塞使得外界人很不愿意进入 L 村寨，即使是计划生育政策很严格的时代，L 村寨的生育率受到的影响也不大。

2. 自然资源

L 村寨的土地资源位于南面和北面的山坡上，尤其是南面的山坡，坡陡山高，北面的山坡即村寨的背山，相对平缓，但也较为陡峭，常年的雨水冲刷、过度开垦导致当地的自然资源十分匮乏，土地贫瘠、水资源短缺、石漠化严重、森林覆盖面积小。劳动力在农业上的投入与收获完全不成正比。2018年数据显示，当地人均土地面积3.7亩（含宅基地、耕地、荒山以及石头），人均林地1.197亩。① 加上土地贫瘠，L村寨人如果不外出务工就会过着青黄不接的生活。20世纪80年代，外出务工的机会很少，子女稍微偏多的家庭青黄不接的现象较为普遍，尤其是遇上干旱等天灾，吃不饱饭的现象更多。

图2-7

土地。当地的土地主要有两种类型，一是石旮旯的坡地（主要位于北面山），二是寡坡坡（如南面山上的地）。过度耕作与常年的雨水冲刷导致土地肥力特别低，如遇到干旱，玉米都会被干死。

稻田。大米是当地的主要粮食，大米的产量取决于稻田的好坏，好的稻田要成片、面积大、水源足、肥沃、能储水。满足上述标准的农田才是好的农田。但对于L村寨而言，地处山坡上，其稻田主要是梯田。

---

① 土地主要是坡地与石旮旯，真实的人均可耕种面积不足2亩。

梯田的缺点非常明显，即储水能力差、肥力易流失。为能获得好的收成，当地人通常需犁田三到四遍，否则稻田无法储水，稍微有点干旱可能就没有收成。

林地与荒地。林地的主要功能是为人们提供木材。木材在传统L村寨主要用于建房，由于人口密度大导致建房需求量大，木材极为稀缺，因此土家族的吊脚楼在这里极少见。林地的另外一个功能是为牲畜提供食物和为村民提供柴火。荒地是L村寨周边完全无法耕种的地，其功能是为牛羊提供草料和为人们提供燃料。草料除来源于荒地外，还有稻谷草也是主要的牲畜草料。燃料来源主要是玉米秆、荒地和悬崖上的灌木，尤其是在不通电的时代，燃料资源十分紧缺，人们不得不爬到悬崖上砍柴，因此被摔死的也不少，如图2-9所示的悬崖上因砍柴摔死了4个人。

图 2-8

图 2-9

经济作物。传统的 L 村寨没有任何矿产资源,因此人们的生活日用品和肥料都依靠经济作物或卖粮食和鸡蛋等换取,当地的经济作物主要是油桐与乌桕①。因土地资源稀少,人们只让两种经济作物生长在无法耕种的荒地上、耕地中石头缝隙里、土坎和田埂上。当玉米和稻谷收完后,人们开始摘自家地里的乌桕种仁和打自家地里的油桐。打油桐是用竹竿把油桐子拍下来,然后捡起来背回家,危险系数小。摘乌桕种仁的危险性很高,人们必须爬到树上小心翼翼地摘,动作太大乌桕种仁会掉到地上,由于乌桕树本身很脆,从乌桕树上掉下来致残的人也不少,偶尔也有摔死的情况。为补贴家用,大人打油桐和摘乌桕种仁时,小孩子会备个口袋、背着背篼上山捡别人漏捡的油桐子和乌桕种仁。

---

① L 村寨人称油桐为桐子,乌桕为桕子,L 村寨人念"桕"为"jùn"。

图 2-10

3. L村寨的道德精神

从上述自然环境的描述中发现，L村寨自然环境恶劣并且资源短缺。恶劣的自然环境阻碍了人与外界的交往，也提升了人的区域认同感。恶劣的自然环境在给人的生产生活带来压力的同时，也成就了人不畏艰难、坚忍不拔的道德品质。具体表现为：一是交通不便衍生出坚强与刚毅的精神。交通的阻碍使得人外出困难，为改变命运人们总是用自己的双腿与双肩克服大山深河的阻碍，外出谋生与求学。在此过程中形成强烈的家乡认同感、刚毅精神和吃苦耐劳的品质。二是食物资源短缺促成人们形成勤劳俭朴的道德品质。食物资源短缺的根本原因是土地资源贫瘠和水资源短缺，人们必须加倍努力才能获得基本的食物，如遇旱涝虫灾，食物根本不够吃，因此人们必须省吃俭用才能生存下来。三是燃料资源的短缺和水资源短缺促成当地人养成吃苦耐劳、勇敢与无畏的道德品质。当地的木材与柴草资源极为有限，人们需要付出的努力很多，不仅需步行10千米去"偷"柴，也经常爬悬崖砍柴，有的人甚至付出生命的代价。改革开放至2000年，L村寨因砍柴摔死的有近10人。因人口密度较大，冬季的水资源极为短缺，通常有人通宵在水井守水，甚至步行3到4小时（往返）去乌江挑水。

自然环境的恶劣铸就了L村寨人坚毅、刚强、勇敢、无畏和吃苦耐劳的道德品质，这种道德品质具有两面性。优点是帮助人们克服困难，坚强生活，缺点是可能形成"一根筋"式地向自然无休止索取。鉴于此，人们在与自然相处的过程中探索出有效地利用自然、开发自然并保护自然的方式，形成了与自然和谐共处的可持续发展的伦理道德精神。他们在与自然相处的过程中赋予了自然的灵性，建立了一套受制于神灵的人与自然和谐共处的机制。

二、人性实践中的道德习俗

人性本身讨论的是人的自然本性，正如前文所讨论，人性具有善、恶、善恶混合和无善无恶四种根本的观点，善是人们对人性的终极追求，无论持有何种人性观，人性活动的最终目的都归结为善。在此意义上，善是最重要的人性。关于L村寨的人性观，因为没有明确的文本记载和凝练，笔者只能从与人性相关的道德习俗中挖掘其人性观。

（一）对人的动物性的批判

人们认为动物性与人性有明显的区别，人性是善的，动物性可能是恶的也可能是无知的，因此当恶行在人身上出现时，人们会对人的恶行进行批判，在批判过程中通常还会把人的行为与动物的行为进行对比，而衬托出恶。L村寨人的年长者斥责孩子的不道德行为常用的具有代表性的语言有：猪狗不如，读书读到牛屁股里去了。"猪狗不如"的背后潜在的人性假设是人性超越动物性（猪狗），说某人的行为"猪狗不如"，则说明此人道德素质低，甚至不如畜生。人们认为读书使人变文明，而不是让人变成流氓，因此当正在上学的孩子骂人时，大人通常会批评孩子"读书读到牛屁股里去了"，这也是通过动物性反证人性应该是文明的、合理合法的。笔者在这里列举传统 L 村寨孩子常见的"恶行"，并且这种恶行通常会受到来自家族、家长和其他人的强烈批判，甚至会挨揍。传统 L 村寨孩子放假、放学后都会上山砍柴、放牛羊和割草等，如果他们的对山有他姓人，则会对山歌，如果没有并且孩子在无聊的情况下，就会愚弄、侮辱，甚至骂路过的女性或者小孩，尤其是穿着打扮较为靓丽的女性更容易遭到辱骂。遇到脾气较好的人，就是骂不还口，基本不会产生冲突。如果遇到性格刚毅的女性，对骂战一触即发，甚至还会找孩子的家长理论。在孩子们心目中，这种恶行似乎是正常的，是一种娱乐或者消磨时间的方式。通常对方的应对方式包括沉默、以牙还牙和说教，说教通常是骂孩子家庭教养差，没有教养，和牲畜没有什么区别等。又如，村寨中有几位孩子和成人在牛不听话时经常采用极端手段打耕牛，这些人也经常遭到人们的批判，批判的内容是：牛就是牲畜，听不懂人话，如果听得懂人话那就是人，因此打牛者甚至不如牛。总而言之，当地人认为人性应该超越动物性，与动物相比，人性应该是理智和善良的。

（二）对人的恶行的批判

荀子的性恶论是从人的动物本性出发对人性的界定，在 L 村寨人看来真正够得上恶行的是对他人的身体造成伤害或者对他人的财物造成的损失超过众人心理承受能力的行为。如无故殴打他人，偷他人的财物，强占他人资源等都归为恶行的范畴。在 L 村寨人看来，普通的骂人只能算是不文明行为而达不到恶的程度。人们对恶行的批判映射出的是希望人成为善人。在教育子女的过程中，家长通常会用身边的恶人作为反面素材教育孩子好好做人，同时还会在素材里面建立恶有恶报的因果关系以向子女佐证自己观点的正确性。此外，家长还会经常教育自己的子女"在家不打人，出去无人打"，其中也蕴含着对恶行的否定与批判。

笔者在这里列举当地人常用于教育子女做善人的反面素材。ZY 是远近知晓的恶人，9 岁时曾一棍子把其父亲打晕，成年后则在 L 村寨所在片区偷盗和抢劫，甚至连其亲戚家的牛和鸡都被他偷走，他属于公认的道德败坏、六亲不认的恶人，在 20 世纪 90 年代初的严打中被判无期徒刑，因其表现好提前出狱，但是其不敢回家而继续申请留在监狱，10 年后才回来，因为其害怕出狱后被报仇。又如村寨中的 GZ 在人民公社时期担任队长，他把集体粮食偷到自己家里藏起来，且污蔑 TN 偷了粮食并把其捆起来吊在树上差点折磨死。GZ 未生育孩子，晚景凄凉还差点被火药炸死。上述两个反面素材都反映出人们对恶行的批判，为了让批判效果好，能警示他人，人们建立了恶有恶报的因果关系。前者的因果关系为：ZY 尽管很恶，当地无人能收拾他，但恶最终有恶报，被公安局收拾了，并且被被释放后都不敢回家，说明其进监狱前有多可恶。后者的因果关系为：GZ 作恶多端，最终无子无女，并且还差点被火药炸死。当地人惩罚不了他，但是上天惩罚了他。污蔑他人偷粮食并殴打他人的恶行是因，无子无女和差点被火药烧死是果。

（三）对人性善的颂扬

孟子的性善论是从社会性的视角对人性的界定，亚当·斯密认为善是与生俱来的，其源于人本性中的同情心，是人固有的看到他人处于需要帮助的时候产生的情感。[①] 善是人与生俱来的美德，自己的善会得到

---

① ［英］斯密. 道德情操论［M］. 北京：华龄出版社，2018：2.

善的回报。亚当·斯密在《国富论》中说："每个人在追求自身利益时必须考虑别人的自利，否则就难以实现自己的自利。"① L 村寨人颂扬善行的逻辑主要表现为：人的善良行为终究会得到善的回报。当地流传的具有典型性的案例是清朝时期的 WC 修桥，据传 WC 年过四十，其妻尚未生育子女。"不孝有三无后为大"，眼看自己家要断香火了，WC 心急如焚，最后他找到当地一位阴阳先生，阴阳先生告诉他必须做一件功德无量的好事，这样香火才能延续。修桥铺路在当地被认为是功德无量的事，因此 WC 决定在村寨附近的小溪上建一座石拱桥。据传他把家搬到小溪边的洞穴里，自掏腰包请工匠前来建桥，三年后石桥建成了。第四年，其妻怀孕生下了一个儿子。这个案例在当地被传为佳话，时常被用于教育子女要做善人。

此外，村寨中还会树立德高望重的善良人的形象，他们在村寨中具有话语权，并且能站在公正立场主事，尽管此人不会获得经济收益，但是善良的行为能得到人们的称颂。如村寨中的 WH 是位名郎中，年轻时是村里的话事人，其人善良并且乐于助人，晚年时期由于无力到更远的地方挖好的草药，因此就把村寨周边牛羊猪吃的草收起来，根据其味替代年轻时能挖到的草药，谁来抓药就各种草药抓一把，并且只收 5 元钱一副，这些人把草药拿回家后都能把病治好。针对他的医疗行为，人们都说是因为他心地善良，所以烂草都能卖出钱，且能治好病。

三、神灵实践中的道德习俗

L 村寨人信仰万物有灵论，其核心观点是生产生活环境中的万物都具有灵性或者灵魂，灵性与灵魂由其背后的神灵执掌，因此在生产生活

---

① 张军，孙宁. 试论亚当·斯密的人性观［J］. 武汉大学学报（哲学社会科学版），1995（02）：62-67.

过程中必须祭拜、感谢各执掌神灵的恩赐，让神灵护佑自己健康平安、命运好、财运旺。考察发现 L 村寨人还是儒家思想、道家思想和佛教思想的推崇者，其香火上通常都书有儒、释、道以及孔子等文字，在此意义上，笔者认为 L 村寨人信仰的是儒家思想主导下的复合神论。土家族社会专业的神职人员主要包括道士、端工与观花婆。道士是道教的代表人物，主要职能是负责丧葬相关的活动，超度亡灵，通过仪式保护逝者在世的亲人。端工是山教[①]的代言人，是万物有灵习俗的主要执行者，负责敬神灵的活动，帮在世的人渡劫、送鬼神，求健康、平安。观花婆负责看前世今生、命运轮回、因果报应，其行为也可归为万物有灵执行者的范畴。

（一）与山神的交往活动

山神主要指存在于山中的神灵，掌管着土地、水源、动物、植物，甚至是人的生老病死。土地神、水神是当地人最为敬仰的神，他们执掌着人们的耕地、道路、住宅和水源。每年人们都会敬奉土地神（到土地庙焚香烧纸表达敬意与谢意），祈求土地神能护佑土地收成好和道路安全。水神是掌管水资源的神灵，他不仅掌管着饮用水也掌管着河水溪水，当地人认为最重要的水神是掌管饮用水的神灵。敬水神通常分为两种形式，一是大年初一敬水神与 L 村寨人"缴灵"[②] 中的谢水神仪式。每年大年初一，每户人家去挑水都会在水井外烧香和纸，祈求来年人畜饮水与灌溉水充足。每户人家"缴灵"期间也需要请专门的道士先生到水井边举行谢水神仪式，感谢水神在死者活着时候的赐予，也请求水

---

① 当地人把端工先生所信的万物有灵归为山教，它是万物有灵论的升华，活动仪式包括跳傩戏（过关、冲傩）、送船船（送鬼神）、谢土神等。

② 缴灵是土家族对逝去祖先二次超度的仪式，目的是向祖先们上缴生产生活必需品，让祖先们在阴间生活富足。

神继续在阴间赐予其充足的水资源。猎人放山前需要在进山路口举行简单的放山仪式，默念咒语并划汇①，目的是祈求神灵赐予猎物。砍树建屋需要请专门的木匠举行砍伐仪式确保砍树平安、运输平安和使用平安。在与山神交往的过程中，彰显出对山神的敬畏与感谢，用祭拜仪式求神灵赐予人们想要的东西。

（二）与家神的交往活动

家神主要指掌管村民住宅及其生活的神，主要包括住宅神、灶神、祖先神与用具神。住宅神主要包括屋檐童子与四角地神。屋檐童子掌管房屋的建筑部分，据说是个年轻的孩子，四角地神据传有四只角，掌管着房屋的地基。因此在春节最后一天的祭祀中就需要对屋檐童子与四角地神进行祭祀，"倒水饭"②的时候也需请求屋檐童子与四角地神把家中的恶神/鬼赶出去并且防止其回来。灶神是家神中权力相对较大的神，管理家中的大小事务并记录在案，年末向玉皇大帝汇报。因此L村寨人不敢用灶火烧香，不得将刀斧置于灶上，不得将污脏之物送入灶内燃烧，否则会遭到灶神的惩罚。祖先本身不是神而是灵，祖先被供奉在香火上，每逢节日、吃新③或婚丧嫁娶等都需要与祖先分享，否则可能会遭受其惩罚。用具神掌管家里所有的生产生活用具，人们尊重与祭奠用具神，反之神灵会辅助家人生产顺畅与生活愉快。人们首先赋予了家中财物的神性，并在后续的实践中表现出对此类神灵的敬畏、感激。

（三）与天神的交往活动

天神的权力通常大于地上的神灵，他们的功能是裁判与惩罚或预知

---

① 划汇是与鬼神交往中的仪式，即用手指、树枝或香对着某事物比画相应的图案，并且口念咒语，其功能是让神灵赋予人某种超自然的能力。
② 即把用水泡的米饭倒在岔路口以供路过的孤魂野鬼享用。
③ 每年第一次吃新粮。

生死财运等。承担裁判与惩罚功能的神主要有玉皇大帝、观音菩萨与雷神，其中尤以雷神最为强大。玉皇大帝与观音菩萨在世间的影响力不能立马凸显，但是雷神能马上显灵。L村寨人没有雷神的牌位，也不祭拜雷神，但非常害怕雷神发怒。当地人认为做了不道德的事情，如辱骂虐待长辈，不尊重菩萨、灶神与浪费食物，雷神都可能立马显灵。预知未来的神主要包括花神、茅神与火神，当地人通常在家里遇到重大灾难或农闲时节就会开展相关的请神活动，目的是问财运、生死与疾病以及是否冒犯了什么神灵。请花神俗称"观花"，是未成年女孩子坐在香火前的板凳上，通过不断地唱、烧纸与点香，最后观花女被花神附体，再告知求问者的财运与遭遇灾难的原因。请茅神活动称为"请茅娘"，请火神俗称"请火柴娘"。前者是用舀饭的铁瓢套上女性衣服，两个女孩子手握铁柄竖起来，然后不断地唱请茅娘的歌，烧纸与焚香，当神灵附体（铁瓢自动开始"点头"）后，向茅娘问吉凶财运，茅娘则以点多少次头来肯定与否定。"请火柴娘"的规则也差不多，这种活动与算卦同理。土家族人在与天神交往的活动中呈现出来的是敬重与害怕，他们把天神看作道德律令的监督者与执行者。

万物有灵源自民间的自觉行为，没有明确的教义与条文，年轻人总是通过口耳相传与耳濡目染的方式习得万物有灵的相关观念、习俗与行为，并在自己的生产生活中重复着同样的行为。尽管没有明确的体系化的条文，但是仍能从人们关于万物有灵论的行动中挖掘其道德内容。从万物有灵相关行为的心理活动分析，当地人信仰万物有灵主要基于四个方面的原因。一是恐惧。他们恐惧神灵惩罚他们，使他们财运受阻，身心遭受病痛。因为恐惧，所以他们需祈求神灵赐予其健康的身体，丰富的财物，以保证健康平安和衣食无忧。祈求行为的背后蕴含的是"孝"，只有在节日庆典或人生礼仪等环节中"想"得到神灵，并尽

"孝"，神灵才会把"爱"回馈给人们。二是感谢。神灵赐予了我们健康的身体以及丰厚的财物，使得人畜兴旺，因此需要感谢神灵。感谢的背后持有的是"感恩"思想，即感恩神灵的仁爱之心。就神灵的品性而言，L村寨人认为神灵本身是矛盾的结合体，即神灵具有仁爱之心，他们愿意把爱给予我们。神灵是大度的，人们也认为神灵有时候也很"小气"，因此在与神灵交往中要处处小心，不能遗漏每个环节。在此意义上，神灵的仁爱之心、大度与小气也提醒人们要具有仁爱之心与宽广的胸怀。三是包容。就人与神的交往关系而言，当地人处处都小心与神相处，讨神灵喜欢。事实上这体现出人际关系中包容的道德观念，即使人做错了但只要认识错误，向神灵坦诚并及时补救，神灵也会包容犯错者。四是公正。在与神灵交往的过程中，神灵作为超自然的秩序维护者，公正地对待与处理所有人的不道德行为。谁违反神灵的旨意都会受到神灵的惩罚。

四、社会实践中的道德习俗

交通闭塞、远离集镇使得传统的L村寨成为典型的自给自足的内循环村寨，主要表现为生产生活圈局限在方圆数千米的地域范围，对外活动主要是去市场上购买煤油、食用盐以及农药等物品，与其他村寨的交流主要是基于姻亲关系的交流。自然环境恶劣、资源匮乏、经济来源单一导致单户的人很难应对生产生活中的变故，因此人们在交往中形成了相互支持、共渡难关、共享喜悦、和谐相处的道德观念。为维持这种关系，当地人创造了基于"人情"的人际关系模式，即认为钱是可以归还的，但"人情"难还清，人情中带有感情的成分。当地的习俗中，"人情"主要包括基于劳动力的人情和基于亲朋关系的人情（钱）。

(一) 基于生产生活互助的人情观

互助是解决当地人生产生活问题重要的手段,人情指人的情感体验。例如,甲赠送物资给乙,在劳动力上帮助乙,借钱物或食物给乙,在有困难的时候帮助乙,乙为了感谢来自甲的帮助,在甲需要帮助的时候会主动帮助甲,于是这种人情关系便产生。人在生产生活中总是需要来自他人的帮助,同时也在不断帮助他人,使得人总是处于送人情与收人情的生活状态中,笔者认为当地人的社会生活是基于人情的社会生活,在人情交往的基础上形成泛人情观。人情标志着人缘好,在当地"吃得开",因此当某户人家遇到困难时,通常人们以参与困难解决的人数来判定此人的人际关系网络。事实上可能真正解决问题的就是1个人,但是参与人多说明关心这户人家的人多,由此推出此户人家为人好。当某户人家遇到事的时候,寨子里的人通常都会去"耍",其实大部分人真的就是去耍,但其另外的益处是能给主人带来心理上的解决问题的自信,同样当其他人遇到事的时候这户人家也会主动去耍。在此意义上,耍也是"人情"交换的实践表现。

除基于突发事件而形成的人情关系外,人们还在生产生活过程中形成了人情关系,这种人情关系以劳动力交换为依托。如农忙季节为提升劳动效率,人们相互周转劳动力,俗称"转功夫"。具体表现为:甲需要劳动力而乙暂时不需要劳动力,乙则去帮助甲,反之乙需要劳动力的时候甲则归还劳动力。耕牛在L村寨被视为劳动力,因此在"借耕牛"的过程中也会产生人情关系。生活中的人情关系起因多而杂,主要表现为人在生活过程中因生活物资周借或生活小问题的解决而结成的人情关系。我们这里简单列举两个事例。如甲因不可抗拒的因素导致食物不够吃,如乙的食物充裕,甲则向乙借粮,通常等到新粮食收进家后才归还乙,在此过程中不会产生利息。生活中还存在相互借生活用具的现象,通常都是用完后自觉归还。总之，借物、借钱、劳动力周转、活动参与等都会产生人情关系。

（二）基于人生重大仪式的人情观

传统的土家族社会经济基础薄弱，经济条件稍差的家庭难以承担婚事、丧事、建房等重大活动的开支，根本原因在于此类活动既要大量的人力支持，同时要消耗较多的钱粮。除极少数富足的人家外，大部分人都面临如此的问题。婚丧是人生不可回避的事，对于有男孩子的家庭而言，因结婚后需分家，因此建房也是不可回避的重大事情。每户人家此类大事的完成都离不开其他村民在人、财、物方面的投入。以建房为例，由于木料紧缺，当建房者差为数不多的木料时，其他村民会主动赠予自己的木料；由于建房的木匠和帮忙的村民要在主人家里吃饭，其他村民会赠送蔬菜；举行建成仪式当天，主人的亲戚朋友和寨民都前来祝贺，这需要消耗大量的食材，来参加仪式的人都会送礼，主要包括粮食、钱财、布匹等。当地人把亲友和邻居送的粮食、钱财、布匹称之为"人情"并记录在册，当下次送"人情"者需要办类似的事，主人则会把自己先前收的"人情"还给对方。为不让对方吃亏，通常还会适当增加数量。除"人情"本身给主人带来帮助外，主人还会关注送"人情"者是否亲自前来，因此当地人常说"人到人情到"，如果只送"人情"而人不到现场，主人通常会不高兴。

基于我们对以人情为纽带的当地人际关系的梳理发现，维持与引导人情关系和经济关系的背后力量是互助、诚信的道德观念。人情关系在形式上表现为有来有往，越走越亲，不走不亲。大致意思是人与人之间的交往是相互的，走动频繁则更加亲近，即使存在血缘与亲缘关系，如果走动少关系会逐渐淡化。因此在L村寨流传着"坐地为亲"以及"一辈亲，二辈表，三辈四辈认不到"的说法。坐地为亲指即使没有亲缘与血缘关系，邻居似亲人。"一辈亲，二辈表，三辈四辈认不到"指外嫁的"娘娘"与其哥弟走动频繁，到其儿女辈关系变得较淡，到孙子与重孙辈很多连人都不认识。出现这种状况即因为亲属增多使得祖辈之间的亲密关系到儿孙辈就变得淡薄。从道德视角上看，人情关系背后蕴含的是团结互助、和谐共生的道德理念，即人与人之间只有团结互助，和谐相处，才能渡过难关，共同发展。传统L村寨尽管经济条件差，甚至基本的温饱问题都难解决，但在经济交往中，公正与诚信仍是他们遵循的道德理念，欺骗行为不仅会遭到舆论的谴责，甚至可能会被"退货"，或被贴上不诚信的标签。基于人情往来的互帮互助道德观念今天仍在村寨中延续，如当村寨有丧事的时候，外出务工的人仍旧会从务工城市赶回家帮忙。

基于对L村寨道德基础及其相关道德的探究，笔者发现作为传统的、发展相对滞后与封闭的土家族聚居区，村民为生存与发展，形成了自己的生活道德观。无论道德产生的基础是人性与自然，还是神灵与社会，道德最终指向人们的生活，在此意义上L村寨的道德观可称为生活道德观。通过对道德生成基础的探讨发现，L村寨人的道德观念可概括为四类。与人相处方面是与人为善、尊重、孝敬、感恩、互惠和诚信；与自然相处方面即保护自然、和谐共生；在生产生活方面即勤劳俭朴、相互帮助、勇敢与开拓；在神灵共处中表现为敬畏、尊重与和谐。

第三章 乡村变迁与传统道德生成

道德作为人生产生活中的重要元素,其存在的根本目的是维护社会的秩序,促进社会稳定、和谐与发展,在此意义上道德的形成与发展和特定社会的需求密切相关。此外村寨内部出现的新问题及其解决可能改变人们的道德观念,村寨在与外界接触的过程中出现的新问题、冲突也是道德发展的动因。基于这样的设想,笔者主要从L村寨变迁与发展的视角讨论其道德发展并分析影响道德发展的因素。

第一节 村寨起源与发展

一、村寨的起源

传说1:沿河土家族自治县曾经在认定民族成分的过程中把"十大姓人"无条件认定为土家族,关于十大姓人如何进入沿河目前没有明确的史书记载,但是有个关于追杀金田和尚的传说。据传金田和尚是个妖魔,可以变身,还会飞,在地方上欺压百姓、无恶不作,并且纠集当地居民起义,试图推翻朝廷的统治。后来朝廷派十大姓人领军追剿金田和尚。队伍被打散后,金田和尚无处可逃,则变身为一只鸟,躲藏在某棵大树上，官兵寻不着并在树下休息，金田和尚变身的鸟从树上拉下一坨大便，大便掉到地上，士兵发现是人粪，抬头看到树上只有一只鸟，然后一箭把鸟射下来，金田和尚这才现出人形。尽管这个故事没有文献记载，但该传说可以印证L村寨原住民的消失和移民的进入。一是确定现在沿河县的十大姓人是朝廷派来平定战乱的，并且平定后即留下来成为亦农亦兵的居民。二是金田和尚可能是当时少数民族的首领，带领少数民族士兵与朝廷对抗，最后被朝廷派来的十大姓人打败。金田和尚会变身属于巫术，可能是金田和尚为树立自己在原住民心中的伟大形象而杜撰，也可能是当时少数民族宗教中确有人可变身的巫术传说，如清末出现在黔东北地区的莲花教的信徒"神匠"也相信砍杀不会受伤。少数民族地区现仍流传着神秘的巫术。由此可推出金田和尚属于当地少数民族首领，该地区的部分原住民可能已迁移或被屠杀，而现在居住的土家族更多属于移民。

传说2：因古代该地区文化水平低下，文字记载的内容几乎没有，因此关于村寨起源只能从流传的故事，再结合历史上的大事件去推论。顾名思义L村寨应属L姓氏人所居住的村寨，相传很早以前，村寨里住着L姓人家（姓名无法考证），该家族家业较大，在当地算望族。L姓人之所以能发迹，传说是因为其祖坟埋到了龙脉上（今天的遗迹仍在，但墓碑上的字迹已看不清），祖坟埋好后，沿着寨子周边一夜之间长满了竹子，竹子完全把寨子围住，且长势很好。据传当朝皇帝感受到了异样，发现自己的皇位可能受到了威胁，即派人追查，原来是L村寨的祖坟埋到了龙脉上，可能要出皇帝，因此派阴阳先生和士兵前来操坟（把坟挖开），把坟挖开后，寨子周边的竹子全部自然炸裂，每节竹子里面藏有一骑正在成长的兵马，从此L姓人家家道没落，最后从L村寨消失，方圆20千米都不见有L姓人家，至今也未见有后人来认祖。据传L姓人此前居住在现在L村寨右前下方,地名为打细坝,现在是L村寨人的稻田。就村寨的竹子生长情况而言,的确基本把村寨围了一圈。从流传的故事中,笔者推断L村寨及周边片区的现住居民大部分是移民,因为地名与姓氏存在不符的现象,如L村寨理应姓L但周边都未见姓L的人家,雷家窝理应姓雷,但周边从未听见有姓雷的人居住。

从我国历史发展来看,元朝在今黔东北地区,初设立思州安抚司,后改思州宣慰司①,说明元朝中央已采用土人治土的方式对该地区进行治理。从该地区成片的梯田与大量石坎以及部分悬崖上人工砌的小土台来看,该地区曾经应该人口稠密,农业比较发达。这些农田建设可能始于明朝,因为有大量江西人在明朝时期迁入土司地区屯田的记载。② 在明朝或者清朝时期,外来人迁入的增多导致土地资源紧缺,从而引发了冲突,原住民可能被迫迁移或者被杀害。现居当地人主要是移民的后裔,其中也包括部分原住民的后裔,很多族谱记载其先辈都是从江西迁到此地定居。

江西移民入黔主要分为三次。一是明代的移民入黔中,主要包括军人、官员、商人、农民和工匠等,目的是缓解明朝时期江西人多地少的压力,同时也为稳固贵州的统治,因此明朝贵州的江西籍土司占大多数。二是明代中期,江西官员开始侵占兼并农民土地,大量农民开始逃亡和迁移,因此有了史称"流民进云贵"的迁移运动。此次迁来的有士兵、农民、商人、和尚等。三是"湖广填四川"时期有移民来黔。③ 明代以来移民不断涌入西南的武陵山地区,可能与当地的少数民族争夺资源,因此为保障汉族人口在此地区的生存和发展,以稳固统治,明清

---

① 土家族简史编写组. 土家族简史 [M]. 修订本. 北京:民族出版社,2009:67.
② 龚义龙,王希辉. 武陵山区历史移民与民族关系研究 [M]. 北京:民族出版社,2018:112.
③ 庞思纯,徐华健. 历史视野下的黔赣文化 [M]. 贵阳:贵州人民出版社,2019:5.

统治者在该地区推行了"赶苗拓业"政策①,目的是把少数民族从生存环境较好的地区赶到生存环境恶劣的山上,从而占领少数民族的田地。自朱元璋到万历年间的200多年里,黔东北地区的赶苗拓业多达200余次。现在在该片区流传着这样的故事,以前当地主要居住的是少数民族(苗族),后来统治者在该地区实施了"赶苗拓业"政策,大量驱赶屠杀当地少数民族人口,杀人的血就像水一样从沟里淌下,寨子里的人基本都被杀光,剩下的也不清楚逃到哪里去了,但有一种说法认为部分逃到了黔东南一代。② 学者东人达在沿河县考察发现了"大元帅墓碑",碑文载:"始祖赵必兴为荆州参将,于永乐十三年(1415)设立思南,赶蛮夺业,汗马功劳,遂插占一方,住居地名柏果坪,图当土曹之平原可以耀武,就小河之近可以取鱼……"③ 由此推导L村寨及其周边的原住民在明清时期作为赶苗拓业对象被驱逐的情况是真实的。

从上述传说与历史考证来看,L村寨人可能不是原住民的后裔,原住民大部分已在赶苗拓业和十大姓人戡乱的过程中被赶跑或者被消灭,现居的人口主要是来自江西的十大姓人的后裔或者赶苗拓业过程中来自江西的流民,他们构成现在整个L村寨及附近片区人口的基础。

二、村寨更替

原住民离开此地后最新入住该地的是安姓人家,初步推算应该是在清朝雍正乾隆前后,L姓人可能是当时的土官或者作为主要成员参与了

---

① "赶苗拓业"发生于渝、鄂、湘、黔、川、滇、桂广大地域,是萌芽于元代、贯穿明朝、延至清初的重大历史事件,又称"赶苗夺业""赶苗图业""赶苗夺籍""赶蛮夺业"等。苗不仅仅指民族成分认定中的苗族,当时是蛮夷的意思,是对当时西南少数民族人口的统称。参见:东人达.明清"赶苗拓业"事件探究[J].贵州民族研究,2006(06):128-133.
② 东人达.明清"赶苗拓业"事件探究[J].贵州民族研究,2006(06):128-133.
③ 杨润.明清武陵地区赶苗拓业研究[D].重庆:西南大学,2016.

对抗清朝朝廷的活动,在"改土归流"过程中与清朝朝廷对抗,而被以造反的名义剿灭。延续至今的村寨中已没有 L 姓人的痕迹。此地生存条件恶劣,L 姓人被剿灭后朝廷并未派兵或民迁入,后来的安姓人因家族繁衍、家族间的斗争或者家族内斗而陆续迁到此地,为村寨的发展奠定了人口基础。关于村寨的形成与发展主要分为两个时期,两大家族的内斗时期与多姓人融合时期。

清朝中期此地人烟稀少,难以对朝廷产生影响,并且隶属思南府,但其远离思南府,因此按照当地的说法那个时代就是"三爷子吃两爷子",意思是男丁多的人家可直接欺负男丁少的人家。根据村寨里年长者的记忆,村寨从发展到稳定大致经历了两个阶段,第二个阶段最终导致两个家族势力的平衡。原住民离开后村寨的冲突最早是两个安姓家族的冲突,冲突的原因是两个家族来到此地的先后顺序不同,同时两个家族从附近搬迁而来的源头家族不同。为规避隐私,这里用 A 和 B 两个家族代替。A 家族据传是在清朝中后期先搬迁到此地居住,但不清楚是何原因,该家族人丁始终不够兴旺。B 家族是从距离此地大约 10 千米的村寨搬迁而来,来到此地后两个家族便开始斗争,A 家族因人丁不太兴旺,因此到附近的迁出地恳求族人帮忙,追杀 B 家族的先辈,最终 B 家族的先辈(B1)逃到离现在居住寨子约 3 千米的峡谷生存。后来生育了 2 个儿子(B2),据传此儿子文武双全,在地方号称"大旗手",A 家族担心被复仇,因此邀约其族人把其杀害,因此其兄弟继续躲在其父辈生存的峡谷里生存。其后生了个儿子 B3,此儿子能力一般,看似兴不起什么风浪,因此搬到了现在的 L 村寨居住。但其生下了五个儿子,存活了四个(B4),人丁兴旺使得 A 家族不敢再有大动作,为了让儿子们都成才,四个儿子都被送到外面接受了主流的教育。这个时期,L 村寨两个安姓家族之间处于微妙的平衡状态。随着四个儿子成家立业、生儿育女，B家族的人口占到了村寨的2/3，并且大都送到外面使其接受了主流教育，因此其子女中名为维典的担任甲长，从而呈现出B家族强而A家族弱的情况。由于B家族的男性都外出接受过儒家思想主导的传统教育，因此B家族并未为先辈报仇。因此清朝末年，村寨处于基本平衡状态，尽管其中有些小摩擦，但未影响两个家族人的生活。

清末民初，人口的增加导致土地资源紧缺，加上国家不稳定以及"抓壮丁"等因素，以及村寨本身具有的儒家传统文化中"和为贵"的观念，其他家族人开始陆续迁入村寨，为今天村寨的局面奠定了基础。据调查发现，陈姓人最初是来此地做长工，随后留在此地繁衍生活；姜姓人是躲避追杀逃到此地；文姓人是招亲进入此地；杨姓人是抓壮丁躲到此地；另外的安姓C家族据传是当年在此做长工被安姓B家族抱养留在此地。因此，民国时期该村寨基本形成了多姓人杂居的复合型村寨。在农耕社会，人生存依仗的是土地，与单一家族构成村寨不同的是为争夺有限的土地资源，复合型村寨人与人之间的冲突更多且复杂，主要是基于土地与房产资源的冲突，强者总想侵占弱者的土地。在村寨中，势力特别弱的人通常会主动巴结主流家族欺负他者以求得主流家族的庇护。陈姓家族居住在村寨的最上段，其田地都属于质量比较差的类型，因此惦记的人很少，加上其家族的人示弱，和其他家族之间的冲突较少。姜姓家族当时只有1人（未能延续至今），但喜欢挑事，因此经常与村寨安姓A和B两个家族勾结设计陷害人，这样他可以同时得到两个家族的庇护。文姓人属于招亲进来，女方在这里没有直系亲属，加上其田地质量不高且示弱，因此其受到的欺负较少。杨姓属于抓壮丁躲到娘家来的，由于娘家没有亲哥和弟，为给父母养老而在此定居，但是其娘家属于安姓B家族，加上其丈人是清末民初的赤脚医生和私塾先生，田地质量较好，因此安姓B家族的人对此十分惦记，至中华人民共和国成立前，杨姓家族继承下来的田地基本被完全侵占，剩下的田地不仅质量差而且是当时做酿酒生意赚钱购买。除家族之间的争夺外，家族内部也开始想侵占土地，如安姓A家族比较知书达理的麻子先生（阴阳先生），因其三代单传，自己家族内部的人勾结外寨人用敲诈勒索的方式侵占了很多田地。安姓B家族同样因人口增多内部开始争夺土地资源，出现过借抓壮丁削弱自己族兄势力的情况，土地改革时期也出现两兄弟联手企图把小兄弟推成地主而分其土地的情况。

三、村寨的发展

1949年中华人民共和国成立，1950年贵州全境解放，尽管还存在小规模的剿匪战争。中华人民共和国成立为土家族人带来了生活的曙光，人民翻身做了主人。L村寨人同样迎来了新生活，由于医疗条件不好，生育子女的存活率低，解放初期L村寨只有38个人，因为L村寨没有地主，土地改革工作在L村寨推行顺畅。为争夺有限的土地资源，B家族的内部的几兄弟之间也开始了对土地资源的争夺。首先是B家族的B4代的四个儿子之间开始了内讧，老二、老三企图把老四推为地主，这样他们可以借助政府的手把老四的财产瓜分，后来经中国共产党领导的新政府核实，老四达不到定为地主的条件，老二老三的阴谋并未得逞。老大是民国时期当地著名的阴阳先生，同时也是土郎中，但其膝下无男丁，逝于民国中期，此后其土地被老二老三以各种借口侵占。土地改革结束后，1956年在L村寨及其周边地区开始了社会主义互助组建设，村寨主要分为两个互助组，全村建成了集体食堂、集体粮仓，所有家庭屋檐内不准烧火冒烟，此后为响应当时高级农业生产合作社建设的需要，L村寨人全部搬迁到L村寨后面的大寨上生活，大约三年后高级农业生产合作社探索不成功又搬回了 L 村寨居住。"文化大革命"期间，因 L 村寨没有成分不好的人，批斗现象基本不存在。在中国共产党的领导下，尽管 L 村寨人与人之间不存在大的冲突，但巧借各种理由欺负人的现象仍有发生，并且这种现象已不限于家族之间，也发生在家族内部。L 村寨人本身比较重视子女的教育，加上政府要求所有人要读书识字，这期间成长起来的女孩子基本都上过夜校，男孩基本都是初中或高中毕业。尽管如此，L 村寨并未完全消除人与人之间的斗争，并且延续着村寨自建成以来的斗争恶习。

事件 1：派遣劳工。1958 年，上级政府要求 L 村寨人派遣 3 名社员去官舟（邻近的区）修筑水库，因安姓 A 和安姓 B 家族势力相对较大，派遣了杨姓家族 1 人、陈姓家族 1 人（当地人称之为杂姓）以及安姓 B 家族比较边缘的 1 人前往修筑水库。因劳动量大且每天食物仅为 1.5 千克红薯，3 人身体被彻底拖垮，回到村寨后寨上食堂在食物分配上恶意克扣，3 人回村半年内因食物紧缺相继饿死。

事件 2：贼喊捉贼。B 家族的 GZ 是合作社的负责人，当时集体收割的粮食都储存在他家，他利用自己手里的权力找借口欺负人已成为一种习惯，社会主义初级农业生产合作社建设期间，他和妻子把集体种植的稻谷转移到自己的内屋后，诬陷是陈姓家族的 TN 所偷，并组织社员把其捆绑后吊到树上，差点把人吊死。同样 B 家族中的 GD 也被其诬陷偷盗集体东西，被社员捆绑吊了半天，据传 GD 的背现在有点驼，是当时吊打所致。

尽管村寨先前形成的斗争文化仍普遍存在，但因有中国共产党做坚强后盾，加上土地资源全部变成了集体财产，以及都是吃"大锅饭"，基于土地资源的斗争在寨民看来已无任何意义，因此这期间村寨的冲突相对较少，整体处于和谐状态，尚未出现过严重的伤人事件，大的冲突事件也未发生过。

四、村寨的转型

1979年在集体所有制的基础上推行了家庭联产承包责任制，耕地承包给各家各户，林地和荒地当时并没有承包给各家各户，而是按照民国时期是谁家的就继续是谁家的，当地称之为老业，是谁家的就由谁自己管理和使用。为使土地承包相对公平，原则上根据品质好坏、距离远近对土地进行科学搭配。事实上在分配过程中仍体现出势力的差异，如势力比较强的家族分得的土地相对较好，或者信息较为畅通的家庭也能分得较好的土地。随着家庭联产承包责任制的推行以及医疗条件的变好，生育率和存活率开始增加，村寨人口增速加快，20世纪80年代每户人家都是五口人以上，相应地，粮食紧缺问题开始出现。村民为了生存开始大量开垦荒地，只要可种庄稼的地方都被开垦出来，随着开垦面积扩大，20世纪90年代初放羊只能赶到无法耕种的悬崖上，耕牛只能关在家里割草来喂或用绳子牵着吃路边的草。即使这样，因生产力低下以及土地贫瘠，每年"炮秋黄"①的现象仍较为普遍，如遇上干旱这种情况更为严重。当地的田多为坡田，且多用石块砌成，耐旱能力非常低，只要连续半月不下雨，稻田就裂开。此时期寨民之间的冲突主要基于牛羊吃庄稼后赔偿的争论，因干旱而争夺水源的争吵，以及人均土地资源紧缺导致寨民之间经常因争夺土地边界而发生的争吵。邻寨还为此发生了亲兄弟冲突导致死亡的事件——哥哥把弟弟打死后被判了无期徒刑，2016年才释放出来。

随着改革开放的深入，村寨人逐渐有了外出务工的想法，但当时适

---

① 临近玉米成熟期家里粮食已吃完，只能把未完全成熟的玉米掰回家熬粥喝，当地人称"炮秋黄"。

龄的务工人员很少，基本都在上初中，村寨20世纪90年代上初中的人达20余人。他们的父辈都习惯种地，也很少有人外出务工，当时外出务工的人总数不到十人。外出务工主要从事三种工作。一是到贵阳的建筑工地上班，由于L村寨人从小就在悬崖上砍柴、割草、放羊，因此在工地上主要从事脚手架搭建工作；二是在广东、江苏等地的石灰厂工作，主要是烧石灰和挑石灰；三是到广东、江苏的采石场工作。外出务工人员回家穿着时尚，零花钱多，吸引了村寨部分孩子辍学跟随他们外出务工。通常父母也不阻止，相对上学而言，外出务工不仅能减少家庭的支出，甚至还能往家里邮寄点钱补贴家用。外出人员的增多逐渐减少了L村寨人对土地的依赖，因此年轻一代在村里内斗的现象逐渐减少，人们有了"要凶就到外面去凶，在家里凶不算凶"的观念。

  2000年以来，外出务工人员有两位胆大的兴仲和学成通过自己在贵阳的多年打拼，开始承包工地，并且赚到了钱，回到老家与邻近村寨的包工头比拼谁放的鞭炮多。放鞭炮对于自己是炫耀，对村寨其他人而言是激励和刺激。可以理解为他们用鞭炮震醒了在外务工的年轻人，给他们树立了奋斗的榜样。此后在外务工的年轻人都开始尝试承包工地，或者从其他工头手里转包工地。由于那个时期农民工工资低，工地管理不规范，可以说只要胆大的都赚到了钱。尤其是兄弟多的家庭在此过程中更容易挣到钱，用村民的话说是"包输了，但是他们能做赢"。意思是因为不会算工程量，经常被人骗，但是几兄弟齐心协力加班干，都能把被骗的损失补回来。最为典型的是刚强五兄弟，因兄弟多吃饭吃得多，20世纪八九十年代家里很穷，经常食不果腹，其中两兄弟上过初中，其余三个都是小学文化。由于家庭原因，2000年以后五兄弟陆续外出务工，主要在广东的石灰厂上班，后来全部聚集到贵阳开始承包工地，通过几兄弟齐心协力，都买了轿车且在村里修了小别墅，并且有两个兄弟还在贵阳买了房。人们的外出谋生导致土地荒芜，植被恢复较快，基于土地资源的竞争减小。在包工赚钱的刺激下，在邻近村寨不良青年的影响下，村寨部分年轻人开始铤而走险，在城市偷盗，从县城到省城，甚至到外省，他们偷遍了中国的大部分地区。因钱来得比较容易，加上务工或承包工程相对干农活挣钱多很多，人们开始无法驾驭自己的财富，赌博现象频繁出现，甚至出现了吸毒现象。这期间部分人因偷盗相继被判刑，因吸毒进了戒毒所。

2010年以后，随着网络金融的发展，人们防盗意识的增强，以及网络追逃系统的完善，既难偷到钱，也很容易被抓，因此村寨走上歧途的人开始回归正道，基本回到建筑工地干活。2000年村里通了只有高底盘汽车才能行驶的公路，通过农网改造政策的支持和村民自筹村里通上了电，2010年以后因新农村建设政策、脱贫攻坚政策的推动，村寨公路硬化，居住条件愈发便利，因此在外务工的青年开始回家建房，由于老寨子未通公路，年轻人都把房建到老寨后山的公路沿线。

第二节　村寨文化的形成

文化是村寨的精神，是历代村民思维方式和行为方式的凝练与升华，因此对道德变迁的考察离不开对村寨文化的梳理，这样有助于从根源上厘清文化变迁与产生的成因，为乡村道德建设探讨提供有力的文化基础。

一、乡土文化的创造

在传统的少数民族地区，其文化发展通常遵循两条脉络，即以学校为载体的儒家文化传播发展脉络和以生产生活为载体的地方文化发展脉络,而社会主流文化对地方文化的形成具有积极的促进作用,所以笔者在这里主要围绕五方面结合学校教育的发展讨论 L 村寨文化的形成与发展。据笔者在第一章中的梳理与考证发现,乌江流域的土家族是汉人祖先与地方少数民族共同形成的复合型民族,其本身携带儒家传统文化的基因,加上乌江流域独特的生存环境,使得原住民与迁入的汉族居民都烙上乌江的山区特性,即当前的土家文化特性。

(一)竞争文化

动物界也有竞争,动物界的竞争主要基于两个目的。一是争夺生活资源,如非洲草原的狮子会争夺领地,因为足够大的领地才能为其提供维持生存和种族繁衍的基本生活来源;二是争夺交配权,交配是动物的本能,既是生理需求,也是种族繁衍的需要。人作为高级动物,同样有足够的食物来源和生理需求。人与动物不同的是人可以采用可持续发展的手段利用并保护自然,然而在特定历史时期生产力具有产出上限,单位面积只能提供有限的食物来源,因此人必须竞争土地资源。一种情况是竞争力强的人可能留在原地,而竞争力稍微弱的人可能迁徙到别的地方去寻求新的自然资源;另一种情况是原住地土地资源紧缺且环境较差,竞争力强的人主动离开原住地寻求更好的生存资源。笔者认为基于生存资源的竞争是人类竞争力产生的根本动因。此外,生存资源的多寡决定人生存的舒适度和社会地位,人占有资源的多寡能决定人的话语权、择偶权和社会交往权。在此意义上,竞争是人的本性,只要有人的地方就有竞争。竞争有强弱之分,资源充裕之处人类的竞争小,资源贫瘠之地竞争更激烈,如平原地区的人竞争力相对较弱,而山区的人竞争力更强。

武陵山区自然环境恶劣,从条件较好的汉族地区迁居到此,首先是此类群体在原住地的竞争中处于弱势（军人可能除外），无论是工匠、农民还是部分官员（古代到条件差的地区的官员多为被贬官员），他们可以说是原住地的"失败者"。竞争的失败意味着其思想里已有竞争文化。当其来到条件恶劣的武陵山区，可能与先住民竞争生存资源，加上从自然界获取资源也很艰难，因此形成了较强的竞争文化。就L村寨而言，传说中的L姓人如果是赶苗拓业的受害者，赶苗拓业本身就是资源竞争行为，传说中的L姓人如果是叛逆者，叛逆本身就是资源争夺。由此可推定在此定居的早期人已在此建立了强烈的竞争文化。清朝时期，安姓A和安姓B两个家族之间的冲突为村寨后期的竞争文化奠定了基础，冲突的根本原因是争夺自然资源。村寨竞争文化也源于人与自然的斗争，民国时期整个片区人烟稀少，豺狼虎豹出没，牲畜经常被野兽吃掉，甚至威胁人的生命，因此人与野兽基于生命和财产的争夺也催生了竞争文化。

（二）合作文化

竞争是为了生存和繁衍，合作同样是为了生存和繁衍。人与人的合作主要基于三个根本的目的。一是抵御危险和克服困难。人在进化过程中没有猴子的敏捷性，没有虎狼锋利的牙齿，没有大象一样强壮的身躯，也没有飞鸟一样能躲避陆地危险的飞翔本领，人之所以能延续至今，其根本原因是人具有合作能力。人的合作可以战胜自然界的猛兽，能从自然界获得充裕的食物。二是人的交往需求。交往是一种双边活动，人需要与人交往才能建立信任关系，这样合作才更加有效。三是人类的繁衍需要。人类通过总结发现，近亲结婚可能影响后代的健康，当然也影响家族的竞争力，因此人们需要在跨家族之间建立婚姻关系，这样能确保彼此家族成员的健康。家族之间恶性竞争不可能建立婚姻关系，两个家族最终只能两败俱伤，所以家族之间也需要合作。

武陵山区主要以移民为主，移民进入新的居住区域，在该地区自然资源较为充裕的情况下，移民之间首先想到的是合作，因大家有相同的路途经历，能引起情感上的共鸣。他们发现只有合作才能在新的环境中生存下来，因此合作成为必然。这是武陵山区合作文化的重要起源。合作是应对武陵山区恶劣生存环境的需要，武陵山区在民国时期时常有野兽出没，野兽不仅威胁人的生命安全，同时也会糟蹋庄稼或者吃饲养的牲畜，因此人们聚居能建立合作关系，共同应对危险和灾难。在对L村寨形成历史的梳理中，笔者发现尽管两个家族之间有严重的冲突，然而到清朝末年，基于生存的需要两个家族最终都选择妥协与合作。尽管人们内心都对此还有心结，但是在合作利益大于竞争利益的前提下人们自然选择合作。即使在今天，人们之间尽管有冲突，但是在遇到红白喜事或者重大灾难时，人们会毅然选择主动合作，帮他人渡过难关。

（三）敬畏文化

敬畏是对崇高和神圣的人或神灵怀有的尊敬、害怕与谨慎的情感，敬畏是儒家文化的精髓，也是人和外界相处需遵循的重要原则。"故以耕则多粟，以仕则多贤，是以圣王敬畏戚农。"（《管子·小匡》）因为粮食源于农民的耕作，因此君主尊重农民。"君子有三畏：畏天命、畏大人、畏圣人之言。"（《论语·季氏》）这里的畏即既敬重又担惊受怕而谨言慎行之意。"乃命于帝庭，敷佑四方，用能定汝子孙于下地，四方之民罔不敬畏。"（《史记·鲁周公世家》）这里的敬畏是敬重、崇拜和听命之意。由此笔者认为敬畏是儒家文化的重要构成要素，是一种既喜欢、又害怕，也担心失去的情感。儒家文化中的敬畏主要以三种形式进入武陵山区。一是移民带入。移民主要包括军事移民、农业移民和商业移民等，移民的进入自然把儒家文化带入武陵山区。二是原住民外出求学。武陵山地区的原住民可参加科举考试，也可做官，当地土司子弟也外出学习汉族的先进文化。三是镇压战争。战争是采用武力的形式让人屈服，因不归顺朝廷，古代的武陵山地区发生了多次朝廷派兵镇压的战争。战争能让人清醒地认识到自己的不足与他人的优势，从而学会妥协与认同。敬畏文化还源自人与自然的朝夕相处，武陵山区自然环境差，自然灾难频发，尽管人在与自然相处的过程中能以集体力量战胜部分困难，然而相对于人对自然的控制力，自然的力量远超人的想象。加上古人科学精神的缺乏，认为自然中存在超自然力量在控制着人的命运，从而生出对自然的敬畏，对神灵的敬畏。

L村寨位于乌江边，紧临渡塘河，生产生活都在陡峭的山坡上，有人因砍柴掉下悬崖而死，有人被豺狼虎豹咬死，也有人因游泳被淹死，古代与外界的交流完全靠步行，因山势陡峭、土地贫瘠、山洪易发、自然灾害较为频繁，加上医疗技术落后，孩子夭折和大人英年早逝的情况较为常见。受到古代科学知识缺乏和万物有灵论的影响，人们认为是超自然力量在控制人的命运，从而形成一种对自然的敬畏文化。据可靠资料记载，村寨的人在清朝中期就开始外出学习儒家文化，唐宋以来沿河县、德江县境内建立的官学、社学、乡学为村寨人外出学习主流文化奠定了基础。以儒家思想为主的主流文化中本身蕴含的敬畏文化也促进了村寨敬畏文化的形成。据笔者推论，该地区遭遇过赶苗拓业以及镇压叛乱，这也推动了该地区敬畏文化的生成。总体而言，村寨的敬畏文化主要包括敬畏文明、敬畏自然、敬畏神灵。

（四）勤俭文化

勤俭文化主要指勤劳和节俭的文化，勤劳主要指获取资源的态度，节俭主要指消费的观念。我国自古以来就有崇尚节俭，避免铺张浪费的优良传统。如子曰："奢则不孙，俭则固。与其不孙也，宁固。"指人宁可生活得比较寒酸也不能浪费。勤俭文化在武陵山土家族地区的形成主要源于两方面的原因。一是传统文化的影响。老庄思想中提到人死后要薄葬，薄葬本身是节约资源的重要方式，孔子在其论述中也强调要节俭。我国传统文化是基于农业耕作的文化，勤劳本身是农耕文化的重要内容，因为勤劳耕作收成就好。二是武陵山区条件的影响。武陵山区自然资源贫乏、土地贫瘠，加上生产力落后，单位面积生产的粮食难以和平原地区相比较。单位生产面积投入的劳动力成本也远比平原地区高，如遇到旱涝灾害，人们的收成更低。基于这样的情况，武陵山区的人必须勤劳耕作，才能获得基本的食物来源，通过勤劳耕作也可能抵消自然灾害所造成的部分影响，如果按照平原地区的劳动力投入计算，武陵山区的人可能无法获得基本的食物来源，如遇自然灾难，食物短缺问题十分严重。为了能生存和繁衍，武陵山地区的人必须勤劳，用劳动力的投入抵消贫瘠土地不能产出更多粮食的问题，同时武陵山区的人必须节约，因为只有节约，有限的粮食才能帮助人们渡过难关。

L村寨作为武陵山区只有坡没有坝的村寨，略平缓的土地用以修建房屋，因此它属于武陵山地区生存条件较为恶劣的村寨，村寨对面土地极为陡峭且属沙地，土地贫瘠。村寨左右后山属于黄土，不仅贫瘠而且石头比土多，全部都属于石旮旯，如此贫瘠的土地资源使得L村寨人生存十分困难，因此他们必须用劳动力的不断投入抵消土地贫瘠的问题，用节俭缓解粮食资源不足的问题，尤其是在人口数量增多后更需要勤俭节约。在改革开放之风尚未吹到L村寨的时候，L村寨人的收入除干农活外，只能去做临时的搬运工，即从乌江边的悬崖上把粮站收购的菜籽、公粮扛到船上，同时从乌江边把肥料等供销社销售的物资扛到供销社。据寨子80多岁的老人描述，其年轻时寨子人经常吃不饱饭，因此青壮年劳力到远离村寨100多千米的村寨去帮人干活，雇主提供早饭和晚饭，工钱按每天500克计算。艰苦的劳作经历促进了勤俭节约文化的生成。因此20世纪90年代前期寨子的人基本不会赌钱，稍微和赌博扯到边的是打牌输烟，这纯属娱乐。此外，村寨人早在清朝中期甚至以前都积极学习社会主流文化，其中的勤俭思想可能对村寨勤俭文化的形成也有促进作用。

（五）感恩文化

感恩是获得他人帮助后而做出回报的行为，在现实生活中表现为投桃报李。关于武陵山区土家族感恩文化的起源，笔者认为主要有三方面。一是人的社会性在生产生活中的实际表现。人属于社会性的群居动物，在原始部落时期，人只有团结起来才能抵御他族或动物的侵害，在此过程中形成了相互帮助的感恩本能。二是儒家文化的影响。《礼记·曲礼上》："往而不来，非礼也；来而不往，亦非礼也。"来往是相互相成的两种行为，人人相互交往有助于维持这种交往关系，获得持久的社会支撑。因为人与人之间存在持久的交往关系，如现实中存在某种冲突，当冲突不是很严重的情况下，先前的交往关系可促使双方和解，这有利于社会的和谐。三是山区生产生活的必然。武陵山区自然资源短缺，自然灾害频发，人们需要获得他人的帮助才能渡过难关，而人人都会遇到难关，都需要获得他人的帮助。在此过程中，人与人之间总是处于不断的感恩过程中，形成了螺旋式的感恩文化。这种感恩文化最终推动了人与人之间的和谐。

L村寨的感恩文化主要表现在三方面。一是村寨人之间的感恩。感恩行为是维护村寨内人与人之间关系以及解决困难的必然要求。如寨子里的生老病死、修房建屋、红白喜事等都需要来自他人的帮助，在别人需要获得帮助之时人们同样会帮助他人，即"报恩"，人与人之间在这种世世代代不断的循环帮助中加深感情。如村寨中建房砍伐和搬运木材需要大量劳动力，这时寨子的青壮年都会前来帮忙，可以说村寨中所有的房屋都是大家集体投劳建成的，这背后可理解为感恩文化的维系。同理，村寨人谁家都会有人死亡，人死后也需要大家集体参与才能埋葬，同理通过相互帮助（感恩）也能完成每户人家面临的其他难题。二是代际之间的感恩。代际之间的感恩主要是生育养育之感恩。条件艰难、医疗不发达的时代，当地养活一个孩子很艰难，付出的艰辛很难想象，甚至在20世纪60年代及以前寨子里婴儿死亡的现象仍较常见，孩子即使躲过了疾病，迎接他的也还有猛兽、陡峭的悬崖以及湍急的河流等，这些都有可能剥夺孩子的生命，因此寨里的人对父母非常尊敬，相应地，孝成为村寨感恩文化重要的实践形态。活着时要尽孝，死亡后要尽孝。对于不尽孝的行为，人们常说会遭天打雷劈。三是儒家文化中感恩文化的影响。如前所述，村寨人明清时期甚至在此之前都外出学习，而学习内容主要是儒家文化，因此儒家文化中的感恩思想也对村寨感恩文化的形成产生了积极的影响。

二、主流文化的传播

（一）儒家文化的传播

历史记载，武陵山地区在先秦时期主要有麻、吴、龙等古老姓氏，为加强对该地区的控制，中原王朝在各朝代不断向该地区屯兵，对反抗者采取镇压或"绥抚"以及土人治土的"土司制度"，把儒家文化融入了武陵山地区人民的生活。[①] 同时，武陵山地区独特的地理环境使得其与外界交流始终存在困难，保留了源自当地人生产生活实际的地方文化。因L村寨所在片区未有文字记载，笔者主要结合当时主流的政策从武陵山大区域的视角，结合相关传说讨论儒家文化对该区域的影响。在

---

① 龚义龙，王希辉. 武陵山区历史移民与民族关系研究［M］. 北京：民族出版社，2018：103.

陆路交通闭塞的时代，水路交通是文化交流的重要路径。邻近乌江的L村寨自然也利用这有利的交通条件发展与繁荣自己的文化，可以说儒家文化在乌江流域的发展即儒家文化在L村寨的发展。

"乌江流域土家族地区最早建立的官学，是后唐天成三年（928年）蓟州人李承约创办的'黔州学'。之后，于北宋时建立了'施州卫学'，明代达到高潮。"[1] 官学与土司制度紧密相连，土司子弟可以通过官学渠道参加科举考试，此举促进了儒家文化在该地区的传播。如明永乐二年（1404年）在现酉阳县创办酉阳州学，明永乐五年（1407年）和十三年（1415年）分别在现思南创办思南宣慰司儒学和思南府学，明万历三十三年（1605年）在现德江创办安化县学等。[2] 明代乌江流域计有宣慰司儒学6所、府学6所、卫学10所、县学5所。[3]

书院是以儒家文化传播为主要任务的教育机构，也对儒家文化在乌江流域的传播起到了积极的促进作用。早在南宋绍兴年间，贵州沿河县就创办了銮塘书院和竹溪书院，明隆庆年间在思南分别创办斗坤书院和为仁书院，清康熙年间在印江创办龙津书院，在彭水创办摩云书院。[4] 书院成为土家族地区传播当时主流文化的重要载体，既推动了儒家文化在土家族地区的传播，也促进了民族文化的交流。

社学是地方政府兴办的针对儿童少年的启蒙学校，社学起源于元代，目的是劝课农桑、教授四书五经、本朝的律令以及基本的社会礼仪

---

[1] 湛玉书，李良品. 乌江流域土家族地区土司时期教育的类型、特点及影响[J]. 教育评论，2006（01）：89-93.

[2] 湛玉书，李良品. 乌江流域土家族地区土司时期教育的类型、特点及影响[J]. 教育评论，2006（01）：89-93.

[3] 杨军昌. 明清时期乌江中游民族教育文化研究[J]. 贵州社会科学，2015（10）：89-96.

[4] 湛玉书，李良品. 乌江流域土家族地区土司时期教育的类型、特点及影响[J]. 教育评论，2006（01）：89-93.

等。社学通常设在农村，也有设在府县的情况。乌江流域土家族地区最早的社学出现在明清时期。"明弘治十七年（1504），朝廷令各府、州、县建立社学，选择明师，民间幼童15岁以下者入学读书，讲习冠、婚、丧、祭之礼，'导民善俗'。"乌江流域土家族地区的社学主要分布在印江县（明嘉靖十年建立印江县社学，明嘉靖十二年建印江朗溪司社学）、石阡县（明隆庆元年石阡府建城南社学）、铜仁（明隆庆五年在布政分司左侧建铜仁府社学）、沿河县（清嘉庆十六年建沿河县社学）。明清两代，铜仁市境内共建社学10所。①

义学也称义塾或乡学，是由地方乡绅或者社会贤达人士捐建的学校，专为贫民子弟就近免费入学而设置的教学点。主要以识字教学为主，同时包括基本的进退、三叩九拜等礼仪，教材主要包括《百家姓》《三字经》《增广贤文》等。义学结束后，可参加"童生试"，合格者取为"秀才"或者进入府学继续深造。义学在乌江流域土家族地区主要源于明代，如明永乐五年（1407年）思南宣慰使田宗鼎在司儒学下设义塾，明万历十三年（1585年）思南府在城西北隅府学内设义学。明清时期铜仁市境内义学共计37所，如德江县境内的安化县义学（康熙五十一年）、沿河县境内的沿河县义学（嘉庆十四年）、培宗书院义学（道光十九年）。② 此外，笔者调查发现部分村寨还存在零散的小规模的私塾，通常由当地有文化的人担任教师。清朝末期，L村寨附近的乡绅修建了小学，并聘请教师教附近民众子弟识字。

小学主要设置于清末与民国时期，包括官办小学堂、私立小学堂、女子小学堂以及国民小学校，1902年印江知县把"依仁书院"改为官

---

① 铜仁地区通志编纂委员会. 铜仁地区通志：第五卷（文化）[M]. 北京：方志出版社，2015：3153.
② 铜仁地区通志编纂委员会. 铜仁地区通志：第五卷（文化）[M]. 北京：方志出版社，2015：3153-3154.

立高等小学堂，此学堂为铜仁境内首所官办小学堂，1910年沿河县办有官立东岸初等小学堂和官立西岸初等小学堂。此时期铜仁市境内的所有县基本都办起了官立小学堂。私立小学堂也开始兴办，如1909年沿河县符绍卿在符家寨设立私立初等小学堂1所，1910年张贯乏在谯家铺兴办私立高等小学堂1所，之后张贯乏又办起"私立白石溪初等小学堂"。女子教育也受到关注，如思南县在城东督学试院部成立女子小学堂。1912年根据教育部的《普通教育暂行办法》，铜仁地区实行初等小学堂男女分校、高等小学堂男女合校。截至1917年，沿河县建有初等小学堂14所，高等小学堂两所。1942年，沿河县建设有乡镇中心小学7所和国民学校14所，1945年沿河县成立有12所私立小学。① 清末的小学一直延续下来，大部分改造成中华人民共和国成立以来的小学。

（二）公民道德的形成

中华人民共和国成立后，中国共产党接受了原有的小学并把其改造为公社完全小学，把村寨附近的庙产（住房）改造为农业中学，同时还开办了夜校、扫盲班，招收已超过入学年龄的儿童上学。村寨的女孩子也获得了上学机会，甚至部分女孩子上学上到初中。20世纪70年代末由于人口的增加以及家庭联产承包责任制的实施使家庭需要更多劳动力，同时上学需交学费，因此村寨中20世纪70年代出生的女孩子基本未上学，部分男孩子都上到初中（除小学毕业考不上初中的孩子）。20世纪80年代早期出生的女孩子基本没有按年龄上学，通常小学未毕业就辍学外出务工，由于小学升初中的名额有所放宽，村寨中20世纪80年代出生的男孩大部分都上到初中。总体而言，在全县2006年开展的扫盲活动中，村寨中只有少数几个中年妇女属于扫盲对象，这些妇女都

---

① 铜仁地区通志编纂委员会. 铜仁地区通志：第五卷（文化）[M]. 北京：方志出版社，2015：3155-3161.

是从外村嫁入的，这也印证着整个片区20世纪70年代出生的妇女大部分都未上学的观点。尽管L村寨人对文化的崇尚由来已久，但在20世纪80年代及以前，L村寨人从来没有人吃过"公家饭"，当然这并不代表L村寨人不追求主流文化思想。

村寨中的老人让自己的孩子上学并非希望其能进入仕途，因为整个片区进入仕途的人极少，除民国时期土匪文某用钱买个乡长职位外，整个片区无人进入过统治阶层。因此当地人并不把读书作为进入仕途的渠道，而是认为多学文化自己不会"受气"，在一些文化事上不用求人。他们也把读书当作身份的象征，因为文化人很受人尊敬。1987年是L村寨人对教育认识的分水岭，就在这一年，村里的杨姓家族有人考上了中等师范学校，为村寨人做了榜样，这打破了老一代人认为前山太高挡住了村里人发展道路的魔咒。自此L村寨的家长对孩子的教育空前重视，都试图让孩子读更多的书。1993年以后，每周日上午，近20个孩子结队背着粮食出发去30千米外的镇上上中学，成为那个时代寨上最亮丽的风景。1995年，村寨有了第一位真正意义上的大学生（师专生），这似乎让人看到了更多的希望。由于那个时期升学压力很大，初高中毕业补习的人很多，目的是希望能考上学校谋个"铁饭碗"，寨里也出了几个补习生。1996年和1997年分别出现1名中师生，1999年第一位本科生诞生，这也是寨子里第五位考上学校的。2005年、2007年和2009年共有3人考上了本科，其中有一名考上天津大学。此后加上职业学校扩招和高校扩招，寨里至今已有两个女孩考上本科，3名女孩上过职业学校，上过职业学校的男孩有10余人。2013年村寨里首位也是该片区的首位博士毕业，这对该片区人们的教育观念也有所影响。由于外出务工导致家长对孩子的监管较少，部分人暴富后对传统教育观的冲击，以及大学毕业后自主择业的影响，2000年以后出生的这批孩子对学习的重视程度不高，其中尽管有两名本科生，但是其小学开始都是在省城上的。

第三节 传统道德的分类

道德属于公共道德，私德是不存在的，也就是道德是维护公共秩序的有效手段。如果说存在私德，那么私德也是公德在个体身上的反映。道德是指向实际问题解决的，因此不存在抽象的道德和道德意识。即使在宗教社会中存在所谓的抽象道德，但这种道德在发生作用的过程中都是指向实际的，或者都有助于解决特定社会的特定问题。L村寨作为最基层的社会组织单位，其在历代发展过程中存在对外与对内两类矛盾，两类矛盾的解决都依托特定的道德规范，因此这也成为L村寨道德发展的动力。2019年10月27日，中共中央、国务院印发了《新时代公民道德建设实施纲要》，其中把公民道德分为社会公德、职业道德、家庭美德、个人品德四类，笔者通过分析发现，L村寨的传统道德和现代道德都可放入此分类框架中，因此这里主要从这四个维度讨论道德分类。

一、社会公德

社会公德指维护人与人日常公共关系的道德规范，我国公民道德基本规范"爱国守法、明礼诚信、团结友善、勤俭自强、敬业奉献"属于现代社会的社会公德规范，我国古代的"三纲五常"属于古代社会的社会公德。土家族的社会公德与主流社会的社会公德密切相关，并随社会的变迁其内涵也发生相应的变化。

我国传统伦理道德的形成主要源于汉代，是在儒家"仁爱"论、墨家"兼爱"论、道家"自然"论、法家"功利"论等思想的基础上发展而来，其在先秦时期已具雏形，如《论语》的智、仁、勇，《孟子》的仁、义、礼、智，《管子》的礼、义、廉、耻等。汉代思想家董仲舒等在先秦伦理道德思想的基础上，明确提出"三纲五常"，并于公元 79 年编制了《白虎通义》，把"三纲六纪"法典化，标志着以"三纲五常"为核心的中国传统伦理道德体系的基本定型。[1]"三纲"中位列首位的是"君为臣纲"，宣扬的是封建"忠君思想"，即大臣在与皇帝接触的过程中要无条件服从皇帝的要求，按照皇帝的"圣言"行事。为了让这种等级关系深入人心，在家庭中设置了父为子纲和夫为妻纲两种伦理关系。父是一家之长，是子女思考和行动的"纲"，夫是妻子思想和行为的纲领，子女和妻子在家中处于从属地位。通过这种等级制度，塑造了家庭中男人的权威地位，男人作为封建社会家庭的主要劳动力，其地位的维持让全家人认同家中男人"父"和"夫"的权威地位，有效地夯实了君为臣纲的伦理基础。"五常"既指人应具有的基本品格，也是对人的行为的基本要求。孔子最早提出了"仁、义、礼"，孟子拓展为"仁、义、礼、智"，董仲舒继续深化为"仁、义、礼、智、信"，"五常"才正式确立。"五常"对人的思想和行为具有规约作用，如孔子言"非礼勿视，非礼勿听，非礼勿言，非礼勿动"。又如《孟子·滕文公上》："父子有亲，君臣有义，夫妇有别，长幼有叙，朋友有信。"总而言之，"三纲五常"是封建社会基本的道德规范，引导和规范着人们的思想和行为。"三纲五常"起源于《易经·系辞上》："天尊地卑，乾坤定矣。卑高以陈，贵贱位矣。"从这里可看出，封建统治者为了让自己的统治更加稳固，从天地运行的规律中找到了关于"三

---

[1] 柴文华. 中国伦理道德的历史变迁 [J]. 时事报告（大学生版），2011（02）：107-109.

纲五常"的"合理"的解释。

清末是我国传统道德受到剧烈撞击的时期。一是西方的民主与科学思想传入我国,对我国传统的封建道德思想造成了冲击。二是张之洞等人提出了"中体西用"的主张,意在保留中国传统道德基础,同时学习西方先进的科学知识。例如"忠君、尊孔、尚公、尚武、尚实"的主张即能佐证此观点。民国时期,各界仁人志士以救国为己任,提出了"自由主义西化派伦理思潮、现代新儒家伦理思潮和马克思主义伦理思潮"①。以胡适为代表的自由主义西化派尽管主张学习西方但也希望在中西伦理道德之间寻找更适合的道路。以梁漱溟为代表的新儒学派"致力于探寻儒学'真义',力图在阐释儒家伦理中寻求其真精神、真价值"。② 马克思主义伦理思潮的代表人物是李大钊、郭沫若和毛泽东等人,其主要采用马克思主义辩证唯物主义的思想观点,主张采用扬弃的方法对待儒家文化。如毛泽东同志在《新民主主义论》中提出:"中国在长期封建社会中,创造了灿烂的古代文化。清理古代文化的发展过程,剔除其封建性的糟粕,吸收其民主性的精华,是发展民族新文化提高民族自信心的必要条件。"③

中华人民共和国成立以来,我国结合社会主义现代化国家建设的需要在不同的历史时期对道德建设提出了相应的要求。社会主义改造和建设时期,我国社会公德处于建设探索期,主要强调弘扬共产主义道德,倡导其中的集体主义、全心全意为人民服务和无私奉献的精神。我国1982年《宪法》明确规定:爱祖国、爱人民、爱劳动、爱科学、爱社

---

① 杨海秀. 民国时期三大伦理思潮"本根"意识之比较及其现代启示 [J]. 广西社会科学, 2016 (02): 51-57.
② 杨海秀. 民国时期三大伦理思潮"本根"意识之比较及其现代启示 [J]. 广西社会科学, 2016 (02): 51-57.
③ 毛泽东. 毛泽东选集: 第二卷 [M]. 北京: 人民出版社, 1991: 707-708.

会主义的公德，在人民中进行爱国主义、集体主义和国际主义、共产主义的教育。改革开放后，邓小平同志结合我国的国情提出了有理想、有道德、有文化、有纪律以及"发扬大公无私、服从大局、艰苦奋斗、廉洁奉公的精神，坚持共产主义思想和共产主义道德"的精神。1996年党的十四届六中全会通过的《中共中央关于加强社会主义精神文明建设若干重要问题的决议》强调：倡导文明礼貌、助人为乐、爱护公物、保护环境、遵纪守法的社会公德，大力倡导爱岗敬业、诚实守信、办事公道、服务群众、奉献社会的职业道德，大力倡导尊老爱幼、男女平等、夫妻和睦、勤俭持家、邻里团结的家庭美德。2001年我国颁布《公民道德建设实施纲要》提出"爱国守法、明礼诚信、团结友善、勤俭自强、敬业奉献"。2006年胡锦涛同志提出了"八荣八耻"的社会主义荣辱观，党的十八大提出"倡导富强、民主、文明、和谐，倡导自由、平等、公正、法治，倡导爱国、敬业、诚信、友善，积极培育社会主义核心价值观"。2019年《新时代公民道德建设实施纲要》提出"推动践行以文明礼貌、助人为乐、爱护公物、保护环境、遵纪守法为主要内容的社会公德，鼓励人们在社会上做一个好公民"。L村寨作为土家族村寨，自明清以来始终坚持主流伦理道德的引导，即使在交通不便的时代也主动积极派子弟去官学学习，中华人民共和国成立以来，寨民在中国共产党的领导下，学习并遵循社会主义道德规范，村寨的道德氛围日趋浓厚。

二、职业道德

职业可视为谋生所做的工作，相应的职业道德指在工作中遵循的道德规范。古希腊文化中把做好自己的本职工作作为最高的道德——善，如农民种好地即善，教师教好学生也是善。做好自己的本职工作，不损害别人利益是 L 村寨人基本的职业道德原则,在党的十八大提出的社会主义核心价值观中,职业道德对应"敬业"。《学记》认为"一年视离经辨志;三年视敬业乐群"。敬业指的是对自己做的事要有敬畏之心,要热爱并全身心投入其中。传统的土家族村寨没有专门从事某种职业的人(农民除外),所有的人都是以农业耕作为职业和主要收入来源,同时利用农闲时间外出兼职以补贴家用,因此 L 村寨传统的木匠、石匠和篾匠干的都是兼职工作。

乌江流域土家族地区农村职业出现的最初目的是在自给自足的封闭社会中"帮忙"。乌江流域传统的土家社会通常是以"姓氏"为单位形成村寨,村寨日常生产生活的运转需要匠人和先生的支撑,如果去请其他村寨的人,不仅不好请甚至还遭其他村寨人的嘲笑。如果自己村寨有人会此项工作,不仅好请,更为重要的是大家都是邻居,早晚都见且平日里相互之间本身存在生产生活中的互助性交往,因此通常不会"不好请",并且事情会做得更好。出于这样的原因,村寨中基本都会配备各种类型的"匠人"或"先生"。传统社会中,族长或有话语权的人会对村寨人的职业进行规划并建议谁去学什么手艺,这样能保证村寨生产生活的需要,而不用俯下身去求外寨的人。因此"匠人"和"先生"与村寨中的人基本都存在血亲或姻亲关系,在工作中必然会努力做好自己的工作,否则面子上抹不开。

乌江流域土家族农村的职业主要包括三类。一是匠人,通常人们把具有某种专业技能的人称之为匠人,即工匠之意。主要有从事农村晒天①和背篼等竹器编制的篾匠,从事石磨、石槽和墓碑制作的石匠,从事房屋瓦片制作的瓦匠,从事木家具制作的木匠等。此类匠人都有自己

---

① 用竹子编制而成,大约 20 平方米左右,用于铺在地上晒稻谷和玉米等。

的祖传师傅，在职业传承中对其有明确的职业道德要求，如谁要是在工作中利用"法术"害人，可能其后半生会残疾，也可能其子女会受到伤害，因此他们在工作中通常都会兢兢业业。二是先生，土家族地区对于先生的界定较为广泛，人们把具备一定专业技能且从事与文字相关工作的人员统称为先生。称教师为教书先生，称道士为阴阳先生，称送鬼神的先生为端工先生。先生通常比匠人的法术高，其工作的主要对象是鬼、神和灵。三是农民，如果我们把谋生工作称为职业，土家族人主要以农业耕作为谋生手段，那也可称为职业。传统土家族社会的人都是农民，农业是其主要收入来源，匠人和先生都需从事农业劳动。农民种植庄稼除用于家庭食物外，还要用其置换生活用品等，在此意义上农民工作也带有职业性。

乌江流域土家族职业道德的核心是敬业，即学好自己的"艺活"，干好自己的工作，获得更好的口碑。如"匠人"做好自己的工作会提升自己的名气，给自己和家庭集聚人气；"先生"做好自己的工作可增加自己的神秘性，受到更多人的敬畏；农民种好地可获得更多粮食，能让自己过上丰衣足食的生活。在此意义上，L村寨人在工作中都会努力做好自己的本职工作，这算是职业道德的表现。

三、家庭美德

家庭是社会最基层的单位，是家族的重要构成部分，因此L村寨人非常重视家庭美德的培养，当地人把其表述为"家教"，人们骂某个孩子没有教养通常是说"有娘所生，无娘教导"，其含义为父母生下了孩子，但是没有对孩子进行教导。家庭美德的培养首先是家长的任务，也是家族或寨子集体的任务，因为教养不好的孩子首先影响的是自己的家风，进而影响到寨子的声誉。因此无论家庭或者家族都强调孩子要接受良好的家庭教育，具有家庭美德。家庭美德主要包括尊老爱幼、家庭和睦、勤俭持家和邻里互帮等。家庭美德的主要功能是维持家庭内部的良性运转，同时也维持友好睦邻关系。

尊老爱幼是中华民族的传统美德，也是乌江流域土家族人的家庭美德，尊老爱幼主要包括两方面的内容，即尊老和爱幼。尊老指年轻人要尊敬老人，孝敬老人和长辈。吃饭时要等长辈上桌才开始吃，夹菜要等长辈先动筷子，长辈老了以后要尽孝，照顾老人要有耐心等。过节时或吃新要先请"老祖公"[①]，仪式结束后才开始吃饭，这都是L村寨人孝的美德在实践中的体现。如每年除夕夜和正月十四的晚上，寨子的人还会到逝去长辈的坟头点灯，正月初一和十五要去墓地给逝去的亲人拜年，以示对逝去亲人的尊敬与怀念。爱幼的前提是老人要树立好自己的形象，否则晚辈不会孝敬自己。同时长辈在晚辈成长的过程中要爱护晚辈，这样晚辈才会投桃报李，履行自己孝的义务。尊老爱幼是重要的家庭美德，这种美德源于家庭内部，但是其也会延展到村寨中，即表现为村寨的长辈关爱晚辈，晚辈尊敬长辈，从而促进村寨的和谐。

家庭和睦是L村寨人追求的重要美德。孟子提出"三乐"，其中的"一乐"即父母俱在，兄弟无故，说明儒家文化中对家庭成员都有健康的希求。家庭和睦主要包括处理和父母的关系以及处理和兄弟姐妹的关系。处理和父母之间的关系指前述的父母等长辈要关心晚辈，晚辈要孝敬长辈，这是家庭和睦的首要条件。长辈养育关心晚辈是长辈的责任和义务，而兄弟姐妹之间本质上在成长过程中存在竞争关系，即需要从父母处争夺有限的生存生活资源，现实中这种兄弟姐妹之间的竞争的确存在。然而作为土家族传统的家庭美德，整个家族并不希望出现兄弟姐妹

[①] 对逝去亲人的统称。

相争的情况，而是认为只有大家和谐相处、相互提携才能取得更好的发展。在这种家庭美德的影响下，L村寨的兄弟姐妹之间尽管偶尔也存在竞争情况，但整体上仍是和睦相处的，因为这种和睦相处不仅可以帮助兄弟姐妹共同克服困难，也让他人不敢轻易欺负自己的兄弟姐妹。

勤俭持家是土家族地区勤俭文化在家庭中的现实表现。勤是勤劳，即家庭成员要勤劳，要努力耕作，这样才能从原本贫瘠的土地中获得基本的生活物资。如L村寨附近有个寨子农忙时节每天下午太阳尚未下山就停下农活回家吃饭，每年青黄不接最严重的也是此寨子，此寨子经常被L村寨人作为教育子女的反面素材。俭强调的是消费，即在消费上要节约，要合理预算，让有限的资源发挥最大的作用。节俭是L村寨人的家庭传统美德，如建房屋需要勤俭节约筹备多年，储备好建房需要的钱粮和物，如老人通常在年老时就开始自己储备粮食，以防自己百年归天后子女无粮办丧事。村寨中有位叫梅的母亲经常被作为不会勤俭持家的反面典型，其土地不少，且丈夫是石匠也是木匠，但是她家常年食不果腹、子女衣衫褴褛，六个孩子中只有三个男孩上过学，且都未上过初中。按照L村寨人的常规想法，她家既有相对较多的地可种，也有丈夫做石匠木匠活可以补贴，生活不应该有困难，但现实情况是其家庭生活一直比较艰难。

四、个人品德

个人品德是个体在社会交往和社会实践中应遵循的基本道德规范，主要包括爱国奉献、明礼遵规、勤劳善良、宽厚正直、自强自律等内容。个人品德是社会公德、职业道德和家庭美德的基础，可以说另外三种道德的实现都依托个人品德。乌江流域土家族社会的历代居民在生产生活实际以及对外交流过程中逐步形成了个体的品德规范，而这与国家主流文化的变迁密切相关。尽管道德实践活动的具体形式可能与其他地区存在差异，但道德观念和道德原则与其他地区基本无差异，都是中华民族道德观念的实践形态。

土家族是多地区的人经过多种方式迁徙融合而成的民族，迁徙的目的是寻求更安定的生产生活环境，国家是提供安定环境的有力保障，因此土家族人对国家的热爱以及对国家发展做出的贡献不容忽视，这可视为爱国奉献精神在土家族地区的重要体现。如土家族的"土兵"自元明以来多次接受朝廷征调。明朝土家族地区各土司被征调超过80次，影响最大的是明嘉靖年间（1521—1566年）的抗倭战争。[①] 这证明土家族人具有热爱祖国的传统。民国时期土家族人积极参与了抗日战争，涌现出一批英雄人物，中华人民共和国成立后的抗美援朝战争和对越自卫反击战，土家族士兵也发挥了积极作用。据不完全统计，L村寨及其周边参与抗日战争、抗美援朝战争和对越自卫反击战的有数十人。此外，土家族的香火上写的"天地国亲师位"也说明国家在人们心目中的地位。

明礼遵规是土家族社会重要的道德原则，主要指个人在生产生活和日常交往中要明白人与人、人与自然、人与神灵交往的基本礼仪，能遵守国家法律法规、村规民约。"礼"在古代主要包括礼法、礼俗和礼仪三方面的内容，守礼即按照礼的要求思考和行事。尽管古代土家族地区实行土司制度，事实上在这之前土家族在与汉族的交流中已逐步接纳了儒家文化中的"礼"，尤其是在"改土归流"后，礼成为土家族人思考和行事的指导原则。古代L村寨人非常重视儒家礼仪的学习，并且在生产生活和社会交往中按照礼的要求行事。同时人们也在实践中不断学习

[①] 向轼，莫代山.论明代土家族"土兵"在抗倭斗争中的军事贡献［J］.长江师范学院学报，2016，32（01）：15-21，141.

土家族的礼仪。如哭嫁是寨子里老一代人认为女孩必须掌握的重要礼仪，人们通常会根据女孩哭嫁的表现来判断女孩的聪明才干，因此女孩子从小就通过耳濡目染的形式学习此项礼仪，如果寨子的女孩出嫁不遵循哭嫁仪式，人们则视其为家风不好或女孩不够聪明。中华人民共和国成立以来，L村寨人积极参与社会主义改造和社会主义建设等活动，按照国家要求建设文明村寨，并把人的行为是否符合礼作为衡量道德素质的重要标准。

正直善良是L村寨人重要的道德品质，其主要源于两个基础。一是儒家文化中的正直善良观，正直主要指人的身要正、坦坦荡荡，这样才能经得起各种利益的诱惑和考验。二是L村寨自身的家族变迁，L村寨是个多家族构成的杂姓村寨，寨民中难以形成绝对权威，在实践中人和人之间总是通过多种手段监督他人以维持资源分配的均衡性，因此正直必然成为人们衡量人道德的基本标准。善良是人的本性，L村寨通常把善良理解为"良心"，他们认为良心好的人有善报，恶的人有恶报。在他们教育子女的案例中总是把非正常死亡的人与其良心好坏联系起来，向子女和他人传递恶人有恶报的道德观念。这里列举一个用以教育子女的恶有恶报的真实案例。DD与ZZ属于坎上坎下的邻居，ZZ家的猪在自家屋后阳沟里拱土，DD站在自家院坝边用石头砸猪，这一幕被ZZ从门缝里看见。ZZ找DD理论，后者坚决不承认自己用石头砸过猪。于是两人到村边的菩萨神前砍鸡头赌咒，大约一周后DD的孩子在山上割草时掉下悬崖摔死了。寨子的人认为孩子的死亡与其父亲的作恶有关，从而在砸猪与孩子死亡之间建立起恶有恶报的因果关系。

第四章　传统道德的实践载体

　　道德属于上层建筑的范畴，其源于人类的生产生活活动，是对人类生产生活活动经验的高度抽象和浓缩。当道德形成后，反之用于指导生产生活实践活动，并在此过程中不断更新。人的生产生活活动离不开道德的指引。"人若缺乏某种能够让他集中思想的导向，便会迷失在一片混沌的欲望、冲动、反射和本能中，这会让他陷入一种混乱和迷惑的状态，他不能以一种连贯的方式行事。"[①] 在人类社会中，道德本身不是生产生活的技术，而是指导、引领或规范生产生活的理念。作为理念层面的道德难以单独发挥作用，生产生活实践是道德发挥其效果的实践载体。道德与生产生活结合是双赢的耦合，于道德自身而言，其存在的根本价值得以有效彰显；于生产生活实践而言，因道德的嵌入而变得有序与规范，人们的生活更加幸福。在此意义上，不存在抽象的道德实践活动，几乎所有的道德活动都属于人类生产生活活动的范畴。笔者在这里主要从生产活动、神灵活动、人生仪典、休闲娱乐四方面呈现乡村道德的实践载体。

[①] [英]弗兰克尔.道德的基础[M].王雪梅,译.北京：国际文化出版公司,2006：102.

第一节 生产习俗

生产活动是人类社会最基本的活动，是物质生活资料来源的根本渠道，农业社会的生产活动主要是从自然界中获取生活必需品。农业社会与游牧社会的区别是前者定居，守着居住环境周边的自然求生活，游牧社会的特点是追逐水草求生活。因此农业社会人与自然的关系更为紧密，可持续共生的需求更为迫切。马尔萨斯认为人类的增殖能力无限大于土地为人类提供生产生活资料的能力。① 在自然资源有限的前提下，人与自然之间必须保持可持续性平衡，这样人类种族繁衍才能延续，自然的自我生产能力才能满足人类发展的需求。为平衡人与自然之间的关系，农业社会的人在生产实践中凝练、升华出了能指导人类生产活动的道德，确保人类在生产过程中能与自然和谐共生。L村寨的生产活动主要是农业生产活动，包括耕种活动、林业活动、牧割活动、渔猎活动以及工匠活动，每类活动都受到相应道德观念的指引。

一、耕种习俗

耕种是当地人最主要的生产活动，目的是获得生存必需的食物。耕种的对象是土地，耕种过程可视为人与土地发生密切关联的过程。土地资源是有限的且属于不可再生资源，丧失土地资源意味着断绝维持生存必需的食物生产源。因此在耕种过程中人们需要遵循相应的道德规范，以保证土地资源能被永久性地利用。耕种过程中L村寨人的道德活动主

---

① ［英］马尔萨斯. 人口原理［M］. 陈小白，译. 北京：华夏出版社，2013：7.

要包括防止土壤流失与增加肥力两种活动,两者的目的都是在维持耕种过程中人与有限土地资源之间的合理平衡。

L村寨耕地主要以山坡为主,植被破坏较为严重,加上坡陡以及雨水冲刷,水土流失以及土壤的肥力流失尤为严重,为保证土地能持续耕种,人们非常重视对土壤的保护。他们采用的主要手段是建设"梯田"与"梯土"。梯田建设对储水能力的要求非常高,需要平整且能成整块或通过人工砌堡坎建造梯田,同时梯田需建在有稳定水源的地方,否则只能建成"梯土"。L村寨的梯田主要有烂田、水田和干田三种类型。烂田指常年有水注入的稻田,因地处山坡,人畜饮水都存在困难,所以当地的烂田极少。水田指可通过引水灌溉的稻田,这种稻田在当地占有较大的比例,但灌溉水源的稳定性差。干田也称抢水田,是无稳定水源灌溉而依靠山涧水灌溉的水田,春季下大雨时人们夜间拎灯、披蓑衣、戴斗笠去耕抢水田,通常在下雨时需把田犁两遍,并储好水,否则雨停后田就会荒废。梯土耕作方便且效率高,人们把有条件的坡地改成梯状土地,提高水土和肥力的维持力,对于无法改造的或者改造工程量太大的坡土,人们就直接在坡上耕种。为保护梯田的坎不垮掉,人们在耕种过程中非常重视水的存储、排放以及对土坎的养护。稻田与土地上都挖有排水沟,通常在田与土的内侧,这样可以预防土坎被水泡垮。人工砌成的石坎上禁止栽种或生长树木,树根容易造成石坎垮塌。此外人们经常观察土坎与石坎,只要发现有可能垮塌的情况即进行必要的修补,以防垮塌范围增大后难以修复。通常人们修补石坎都在冬季,主要原因是冬季的空闲时间相对较多,且这期间农作物相对较少,损失也相对较少。下暴雨是人们最为担心的事情,因为山大且陡容易形成山洪,人工砌成的堡坎很难承受山洪的冲击,因此暴雨来临前,人们头顶闪电暴雨,拎着马灯,带上锄头把稻田的出水口全部挖开,以防水太大胀垮堡坎。正如村寨里的 XL 描述，每年夏季干旱后突然降雨，我们最担心的就是水冲垮堡坎，每到这种时候，晚上基本都担心得睡不着。不管有多晚，只要开始下雨我们立马起床赶到地里赶紧把容易堵水的地方挖开，防止雨水囤积起来把坎泡垮。每次暴雨前或暴雨刚来的时候，只要有田的地方就有人在挖水缺口。

为维持土地的肥力，确保生产活动的效率，人们非常重视对土壤肥力的补充，因为肥力的丧失会打破人与自然之间的平衡，不仅使土壤丧失其生命力，而且再也不能种植农作物。人们补充肥力主要用农家肥，每年过完春节人们会成群结队地把猪粪与牛粪挑到地里去，俗称"挑苞谷粪"，以此来补充上年土地耕作导致的肥力流失。稻田肥力的补充主要用"渣渣粪"，即耕牛吃草剩下的草渣和其拉的屎尿混合，并常年被牛踩踏而成。渣渣粪挑到田里的主要原因是其在稻田里更容易溶解，相对于扔到土里更容易被吸收。在作物生长过程中，为确保土地肥力充足，人们还会阶段性地施肥，把人畜粪便、草木灰以及化肥等运到田地里，提升土地的肥力。

人们把荒地"驯化"为"熟地"，目的是能从熟土中获得更多的高品质粮食。但人们并没有无休止地向土地索取，而是在使用土地的过程对土地进行"养育"，真正实现了对土地的开发、利用、养育和保护。在此过程中体现出人与自然和谐相处的生态道德观，实现了人与自然的有机融合，在付出中求收获，在舍中求得。在此意义上，耕作活动是人们最基本的践行道德的实践活动，年长者通过身体力行、榜样示范和口耳传输等方式把基于农业耕作的道德精神、要点和方法传给年轻者，促进了人与土地资源的和谐共生。

二、林业习俗

当地的林业活动并非指基于林木的商业活动，而是指人生产生活过程中个体从自己林地中获取建房木料、家具木料以及生产工具木料等，主要包括保护、培育、驯化和使用等，保护、培育和驯化是为了更好地使用，也是为了子子孙孙都有木料用。笔者在黔东南从江、榕江等地的苗族村寨发现，当地人的林业活动方式也是如此。笔者主要从下列三方面讨论当地的林业习俗。

山林保护。当地人对山林的保护分为保护关山、风水树以及保护自家林地三类。关山即风水山，有些村寨有关山，有些村寨没有关山。关山属于村寨集体所有，除挖草药外，禁止任何人从山中带回其他东西，甚至包括掉在地上的树叶。风水树指村寨旁边的百年古树以及墓地周围的树，前者是衬托活人的居住风水，后者衬托逝人的居住风水。保护关山和风水树是约定俗成的，关山和风水树被赋予了神灵性，砍伐关山和风水树会触怒神灵，神灵不一定迁怒于砍伐者，可能更多地迁怒于整个村寨的人。当地人会共同监督不允许随意砍伐关山和风水树，谁违反此习俗则必须请阴阳先生做法事、杀猪宰羊请全寨男主人吃饭以儆效尤。人们对建筑林木的保护源于传统村寨的房屋及其配套设施都是木质结构，建房、猪圈、牛圈等会花掉大量木材，因此只有加强对木材的保护才能满足村民世世代代对建筑木料的需求。当地人对建筑林木的保护主要包括选择性砍树、植树和"梳"树。人们把砍建筑材料称为砍山料，砍树的原则是砍大不砍小，小树有成长空间，可能将来有更大的用处，因此能不砍则不砍。每年春季人们都会根据自己的预期在自己的林地上进行相应的植树活动，以保证林地能得到充足的利用。很多时候植树事实上是"梳"树，即把原本生长在林地里的长得比较密的树苗进行移栽或拔除，以保证树木成长的质量。林地除用于培植木料外，还有生长柴草的功能，因此保护林地也是为了让自家的生活、养殖所需的柴草能得到相应保障。村民GK向我们讲述了关于L村寨人保护林木的情况。

20世纪90年代是当地缺柴火最为严重的时代，人口激增加上没有通电，柴火是生活中必不可少的资源，且是需求量大的燃料，除家里做饭、煮猪食与取暖以外，孩子到镇上上学每周末都要回家背柴到学校煮饭。尽管如此，当地各寨的风水树与关山都得以保存，成为另类的绿色。大约是1994年，A寨的几个孩子偷砍了寨子后关山上的木材，寨里的人认为破坏了风水，责成孩子的家人宰羊，并请道士先生做法事，宴请全寨子人吃一餐饭以示歉意，此后再也没有人敢去关山砍柴。然而关山上长的药材是可以挖的，据L村寨人说，一是药材本身少，挖起来不影响风水，二是药材主要用于赤脚医生医治村寨病人，而守关山的神灵也是在保护山寨的人，两者殊途同归，因此是可以挖药材的。

林木培育与驯化。林木培育是根据未来的需要从自己的林地中选择最有希望成材的树木进行培育，提前做好林木储备工作。培育主要分为建材培育和棺材树培育。建材培育主要是采用移栽和选培的方式培育建房所需的木材，主要以枫树、松树、柏树和杉树为主，此类树木树身较直，除柏树外其他树生长速度较快，通过数十年的培养则能满足人们建房的需求。棺材树培育主要是从已有的树木中选择性培育，原因在于用于造棺材的必须是大树，而树要长成能造棺材必须经过几十上百年的培养，因此需提前做好规划，以免人死后很难找到合适的树木做棺材。通常当地人五十岁左右就开始为自己准备棺材，甚至很多人请木匠把棺材制作好存放在家中。目的是让自己死后能有个好归宿，同时也能减轻子女的负担。驯化与培育本身性质差不多，这里笔者主要指当地人根据自己未来的需求从小对树木进行驯化，便于长成后为自己所用。枷担是犁地时套在牛颈上的弯曲的工具，其功能类似于马鞍，枷担制作需要规则性弯曲的木材，而现实中很难找到这种木材，因此需提前对有可能成长为枷担的树木加以驯化,让其按照需要成长。

木材砍伐,俗称砍山料。砍伐木材是当地人常见的林业活动,如果是因修补房屋或制作家具而小规模砍伐树木,通常自己砍伐即可。如果大规模砍伐或砍伐回来有特殊用途(制作棺材、修建房屋),需要举行相应的砍伐仪式。如建房砍树需要请具有主持建房资质(师傅传衣钵)的木匠举行祭祀仪式,祭祀完毕开始砍树,希望砍树过程平安。砍建房过程中的发木树,则需要单独举行祭祀仪式,发木树是堂屋左边的第二根柱子,其意味着居住者家庭人财两发,也具有砍掉的树木会更快生长之意。寿材(棺材的原料)属于专用木材,其砍伐也需举行相应的仪式。由于当地人在未通电之前是烧柴,因此在树木砍伐过程中,即使是不能用作建材的树木,他们也会保护起来,因为每年能把树木上的枝丫砍下来用作燃料。关于砍伐过程中的仪式和砍伐过程中的保护工作,笔者询问当地的木匠GS,他是这样描述的。

砍伐仪式和乱砍的处罚是师傅祖传下来的习俗,表达的是人们的希望,一般人都不敢违反。因为违反这些习俗可能导致家人的生命财产遭受损失,因此谁也不敢去破坏这些规定。还有一个原因是中华人民共和国成立以来村寨人口增长速度快,建房烧柴火的人也多,消耗的木料也多,人们需要用这些方法来平衡人与林地的关系。

当地人在与自然相处的过程中,根据树木的生长规律,以及自己的生产生活需求,对林地进行合理的利用,形成了保护、培育、驯化、使用一体的林业活动。在此过程中,人们形成并传承着人与林地相处的和谐共生的特殊方式,其中蕴含着生态道德观,也体现着"礼尚往来"的美德,当地人把树看作生命体,具有再生的功能,因此他们在砍伐过程中尽量节制自己的行为,呵护其生长与发展。林地还被赋予神灵特性,尤其是关山作为村寨的集体财产,肩负着保护寨民财运的使命。人们借助神灵的力量制约人的行为，力求保护它们，这既可视为道德性习俗，也可视为社会公德的实践形态。

三、牧割习俗

牧指放牛羊，割指砍柴、割草，在这里也把摘取油桐和乌桕放入其中讨论，因为与砍柴割草相同的是，油桐和乌桕的采摘也是直接从自然环境中获得资源。20世纪八九十年代是当地人生存较为艰难的时代，主要原因是人口的激增和外出务工人数偏少。当地自然资源本身极为贫瘠，人口的激增导致生活资源的消耗突增，为获得更多的生活资源，人们牧割活动加快，导致自然的承载能力超载，因此环境破坏程度前所未有。在此过程中，人们发现环境的破坏直接影响到环境的可持续发展，在此过程中也开始了对生态环境的保护。

牛羊的食物是草料，其主要来源于荒地和林地。荒地在当地称"茅坡"，其主要用于放牛和放羊，在20世纪80年代早期及以前放牛羊的荒地能满足牛羊草料需求，20世纪80年代末和90年代人口增长导致粮食压力增大，大量茅坡被开垦出来种植玉米，挤压了牛羊的草料地。因此山羊数量减少，耕牛作为生产工具是必不可少的，必须保证每户一头牛，但是喂养主要依靠割草。为让牛羊获得持续的草料，人们把自己家土坎上和田坎上的草保护得很好，目的是解决牛羊的吃草问题。秋季，孩子放牛喜欢烧茅坡，这不仅是对有限资源的浪费，也容易造成生态环境的严重破坏，因此大家都会教育孩子不能烧茅坡。这种保护行为也可视为在践行保护和节约资源的美德。

砍割柴火是当地人为了生存必须做的活动，在电尚未普及之前这种情况尤为普遍。20世纪60年代及以前，当地人口稀少，柴火资源较为丰富，大跃进时期大炼钢运动时砍掉了寨子周边的大树，生态遭到破坏，20世纪80年代人口激增加剧了资源的消耗，因此柴火资源出现了严重不足的现象。为维持家庭需要人们把自家的林地看得很紧，以防他人"偷柴"，同时人们开始向悬崖要柴。在此期间悬崖上的柴被人们想尽办法砍光，同时荒地里和石缝里的灌木根茎基本都被挖光，当然因砍柴摔死人的情况也较为常见。在此过程中人们勤劳、节约以及勇敢无畏的精神得到强化。下面是我们对近90岁的老人CK访谈资料的整理。

炼铁期间，寨子周边没有煤炭，只能砍树炼铁，那时候寨子附近大树很多，炼铁时大家都挑长得大且直的树，几年就把大森林破坏了。土地下放后（实行家庭联产承包责任制），人口增多，柴也不好砍了。每年粮食收进屋后，只要不下雨我都会到岩上砍柴，附近的岩我都去过。每年都有人因砍柴从岩上摔死，我比他们小心，运气也好些。我们经常一起砍柴的三个大人就摔死一个，脑髓都摔出来了，那段时间我在家休息了半个月又开始出去砍柴了。如果不去砍柴，家里就没柴烧。我们去砍柴的原因是冬季闲来无事，通过砍柴消磨时间。还有一个原因是当时柴很紧缺，家里的柴多是勤劳的标志，还能获得较好的口碑。

从这个案例中我们能看出砍柴过程本身蕴含着当地人勤劳、坚忍的品质，但是为了生活所需，截至20世纪90年代末，当地人日常生产活动范围内的悬崖上很难找到柴，这种情况在2000年通电后才逐步有所缓解。

油桐和乌桕是传统土家族社会重要的经济作物，油桐子榨出来的油不仅可用于点灯也可用于售卖，乌桕种仁主要用来换钱。为保护两种经济树木，当地人在土地中的石缝里或土坎上都会特意种植或保留油桐树和乌桕树，并且让其自由生长，因为树越大产量越高。油桐果较大且树相对较矮，因此直接用竹竿打下来再捡起来背回家。乌桕树高且果实小，必须爬上树去摘，由于乌桕树枝比较脆，因此乌桕种仁采摘较危险，偶尔有人从树上摔下来。这并不能阻挡人们继续采摘乌桕种仁。对油桐和乌桕树的保护体现出当地人对自然资源的合理保护和利用，在乌桕种仁采摘过程中人们勤劳、勇敢、坚忍以及敢于挑战的精神得以践行和延续。

四、渔猎习俗

渔猎不是当地人主要的生产生活活动，也非主要的生活来源渠道。人们从事渔猎活动的主要原因有三个。一是休闲娱乐。在闲暇之余从事渔猎活动以增添生活的乐趣，因此人们常说的"吃鱼没有捉鱼欢"就是这个理。二是满足口欲。传统的 L 村寨很多家庭生活很艰难，只有过节的时候才能适当吃点肉。因此渔猎活动在增添生活乐趣的同时，也能适当满足人们对肉类的需求。三是适当补贴家用。如果抓到的猎物或鱼吃不完，或本身家里亟须花钱，人们也会卖掉以补贴家用。当地没有专门从事渔猎活动以维持生计的人，原因在于有限的渔猎资源本身难以维持生计。渔猎资源都源自自然，并且有一定的生长周期，人不能无休止地进行渔猎活动，否则会破坏生态平衡。为维持生态平衡，渔猎活动也必须遵循相应的道德规范。在捉鱼方面，因为很难买到鱼钩，也无充裕的时间，当地人不会钓鱼，更多是"闹鱼"。"闹鱼"需要大量的人参与，人们到山上砍苦檀子叶与曲花叶，回到家舂碎，拌上生石灰，便成为"药"。他们把"药"拿到水流很急的地方撒到河里，药很快便扩散。河里的鱼被"闹"晕后游到岸边的浅水区，等在岸边的人则用背篼、鱼簸箕把鱼舀上来。随着"药力"失效，尚未被抓的鱼逐渐恢复生机活力，游回深水区。L 村寨人的捕猎活动主要是放山，放山需要师傅传"艺"，放山前会举行相应的仪式。祈求神灵引导大的，且不在哺乳期的动物踩夹子。就渔猎活动而言，L 村寨人渔猎的同时遵循了与自然共生的原则，采用再生性的渔猎方式。"闹鱼"的目的是"闹"晕了抓鱼，未被抓的鱼仍旧会留在河里成长，尽管捕猎也并非经常捕到成年的与非哺乳期的动物。但是两者都体现出不赶尽杀绝的和谐共生的道德观。调查中，L村寨的很多老人都说"闹鱼"就是为了好玩，如果用毒药，虽然这次收获很多，但明年没有鱼了就"闹"不成了。所以遇到有人用农药毒鱼，当地人则会制止。渔猎活动中发现，人们从可持续发展的视角出发，在渔猎活动中践行着保护、开发和利用的原则，用可持续发展理念引导自己的行为，形成节制和自律的道德观。

五、职业习俗

当地未形成基于手工艺品的生产作坊，石匠、木匠与篾匠等匠人与客户之间属于雇佣关系。如某户人家需要制作木质家具，主人备好原材料，则请寨子里的木匠上门服务，按天付给木匠工钱同时免费提供食宿。木匠主要分建房木匠和家具木匠两类。据传建房木匠的祖师爷是鲁班，因此他们法术高超，通常建房木匠不会从事家具制作工作。制作家具的木匠通常会制作棺材和家庭用的柜子、桌子、凳子等，当地家具木匠的主要工作是为女性做嫁妆。石匠的主要工作是做房子柱子下的石柱墩、地脚石，也做墓碑和家用石器。篾匠主要是编制竹器。工匠的职业道德通过其工作实践来体现，人们通常通过成品衡量匠人的职业道德，成品质量也决定着匠人在当地的职业声誉。

一是职业道德对成品质量的影响。职业道德好的匠人必然会对自己的技术进行不断打磨和提升，制作出的成品能更兼顾质量和美观。当地人判断木匠水平高低用的是"墨法"，木匠制作家具要用墨斗画线，俗称"墨法"，墨法好制作出的家具严丝合缝，看起来很美观。二是职业道德带给人幸福。传说中匠人都具有一定的"法术"（巫术），他们能利用自己师傅传下来的法术杀人于无形。如木匠在修建房子时在房子上特意动了手脚，可能主人入住后灾难不断甚至危及生命。按照当地人的说法，德高望重的匠人不仅技艺精湛而且良心好，所以能为主人带来幸福，当地人喜欢请这类匠人。三是职业活动不损害他人利益。匠人之间为生意也有竞争，这种竞争通常以"斗法"的形式出现，表现为匠人A在干活，匠人B则偷偷施法术，如果匠人B胜则匠人A的声誉和其当时的雇主会受到不良影响。因此人们通常喜欢请德高望重、技艺精湛且法术高超的人。

我们这里把农民的工作也归为一种职业活动，农民在生产劳动中也要有自己的职业道德，根本原则是不能损害他人的利益。如梯田和梯土耕作需要解决排水问题，排水处理不好则堡坎可能会垮掉，因此做排水沟的设计不能只顾自己而影响邻近的田或地。又如田地是当地人的"命根子"，守住田地即守住生存的希望，因此当地某些人在耕作过程中喜欢争夺田地的边界，或者堡坎下的土地主人特意把堡坎铲垮，以逐步侵占堡坎上的土地。这种不良的行为也会遭到当地人谴责。

第二节 敬神灵习俗

因自然环境恶劣、自然灾难频发，传统的当地人面对人生中无法逃避的损失时，他们发现自己的能力完全无法掌控自己的命运，认为人的命运总是受到超自然的神灵掌控，因此习惯用"万物有灵"的观点解释自身遇到的或者可能遇到的困境，敬畏神灵的活动由此而生。敬神灵分为预防性敬神灵与补救性敬神灵，前者相当于提前向神灵"认错"，祈求神灵护佑自己及家人平安、健康，后者是灾难出现后举办的补救性敬神灵活动,向神灵忏悔并祈求神灵护佑自己家庭平安幸福。随着科技文化的普及,尽管人们对神灵的认可度有所降低,当问题真正落到自己身上时,现代人持的观点是宁可信其有,不可信其无,也会举办敬神灵活动。

一、跳傩戏

傩戏是当地人至今仍在进行的消灾与庆祝性活动,根据不同的目的,傩戏主要有三种称谓,即"过关""杠神"与"朝斗"。"过关"是针对人在成长过程中遇到的重大灾难,或经算命先生掐算需要举行"过关"礼才能平安健康成长所举办的傩戏。"杠神"通常是主人发现异常现象,或遭意外灾祸,或夜做噩梦、不得安寝,或疾病久治不愈,便臆想是平日做事冲闯了某位主管神灵,因此需要通过"杠神"解决问题。也可能是主人遭遇冤魂野鬼纠缠,家宅和家人不得安宁,主人请端工先生择吉日到家中祭祀神灵驱鬼消灾纳吉,祈求平安。[①]"朝斗"也叫"冲傩",指家有长辈,逢满十生日(六十岁及以上),晚辈出资替老人"庆生",同时备酒席招待前来祝寿的亲朋,重视者则请端工先生来"朝斗"。"朝斗"的目的既是感谢神灵保佑长辈健康长寿、平平安安,也是祈求神灵保佑全家人身体健康、人财两发。尽管"过关""杠神"与"朝斗"三者的称谓存在差异,但主要环节基本相同,只是傩戏的后半段存在差异。傩戏除具有帮助人冲关外,还有娱乐交流功能,尤其是在互联网和电视尚未普及的时代,傩戏是当地人重要的集体性休闲娱乐方式。现代傩戏在当地被赋予了经济收益,即通过举行傩戏办酒席收礼,这也给当地人造成了较为严重的经济负担,具体情况笔者

---

① 喻帮林.贵州省沿河土家族傩戏概述[J].民族艺术,1995(02):105-120.

在后文详述。

傩戏主要包括设坛、并坛礼请、敬灶、立楼、投文、上熟、差兵点将、赏祭茅人、开红山、造船请送、书符打火、杀桦顶坳、告宿歇坛、礼请投表、割牲纳命、会兵架桥、安营扎寨、合神等环节。傩戏在演变过程中，各班傩戏先生也有自己的侧重点，甚至会根据主人提供的条件以及傩戏班的构成对傩戏程序进行删减。傩戏中最受人喜爱的是"出戏"环节。出戏分为全堂戏与半堂戏两种，全堂戏共有12支，半堂为6支。全堂戏主要包括《报福三郎》《引兵土地》《周仓带马》《关帝圣君》《先锋小姐》《甘生八郎》《秦童》《歪嘴寻夫》《开山大将》《打时和尚》《龙神捡斋》《判官勾愿》。每堂戏都有专用的面具，每个面具代表戏中的某个人物。出戏本身蕴含着相应的道德内容，如先锋小姐司职是为事主催愿与勾愿，甘生八郎的角色是还愿领牲，开山大将的职责是镇压妖魔鬼怪，判官是惩恶邪神，勾还良愿，土地的职能是纳吉驱邪，赐福添寿，和尚的职责是监督事主是否心诚。从这里可以看出出戏事实上是向在场的人进行道德教育，因为这里面有善良的土地、公正的判官与开山大将以及监督事主的和尚等，在此意义上看戏的过程本身就是对在场人员进行道德教育的过程。向众人暗示作恶多端的人在世时会受到惩罚，去世后作为恶鬼仍会遭到驱逐和镇压。对于主人来说，最为重要的环节是最后的"过关卡"，过完关卡意味着傩戏接近尾声，妖魔鬼怪已被降服且驱除，主人的心愿已了。

图4-1是当地傩戏的场景。挂在墙上的称"案子"①，铺在堂屋地上的是竹席，站在桌子前的是傩戏的掌坛师傅，坐在两边敲钹与打鼓的是傩戏班成员，此外还有看热闹的村民。

---

① 案子上画的是土家族传说中的能掌控神灵的诸神，设坛的目的是请诸神之管理者前来协助降服诸神灵。

<<< 第四章　传统道德的实践载体

现场准备

图 4-1

  傩戏除祭祀与出戏以外，还有代表着当地人精神的杂技性质的表演。带有杂技性的表演代表着法师的法术，如捞油锅、过火炕、踩铧口、上刀梯等。表演是否完整与主人所付的钱有关，但每次都会表演1—2个以示法师法术高超。如"过关礼"中必须表演的是上刀梯，"杠神"则需要表演过火炕。这种表演不仅增添了仪式的观赏性，其中蕴含的表演者勇敢和担当的道德精神也影响着人的思想与行为。

  小丑表演俗称"打花脸"，是出戏前的前奏，通常不带面具，而是把脸画为花脸，坐在大门边，开始表演，表演类似于说相声，表演者说，其他人与其配合对白。其中涉及教育人的典故，不孝敬父母被雷劈的故事等，在道德层面上，这本身也是在向村民传达道德观念。

  过关，过关俗称过关卡。"过关礼"寓意某人命中注定犯关卡，如犯"血盆观""烫火关"，分别需要寄拜杀猪匠和铁匠为干爹，同时要举行"过关礼"。因传统的L村寨医疗技术不发达，生活质量不高，因

图 4-2

此孩子在成年前死亡率较高，L村寨人通常认为这是"八字"所出，命中注定需要过某些关卡，如果此关卡过不去则会死亡。基于此，人们在孩子出生后都会请算命先生掐指算算，孩子命中注定犯何种关卡，确定后就去找相应职业的"干爹"，同时还需要举行过关仪式，祈求神灵与"干爹"共同保佑孩子度过关卡。如孩子命中犯血盆关，则需要拜屠夫为干爹；如果犯烫火关，则需要拜铁匠为干爹。过关仪式通常由端工先生执行。过关本身有娱乐与祈求神灵帮助渡过难关两层意思。娱乐即在过关过程中需要表演小丑、关公、张飞等，据说是提升渡过难关的气势，对鬼神具有震慑作用。真正意义上过关通常在表演结束后进行，主要包括四个环节。一是"开红山"，即端工先生用刀刺破前额，然后表演吹牛角，鲜血从刀口陆续涌出来。二是表演杀铧，即先用火把犁铧烧红，端工先生光脚从滚烫的犁铧上走过，脚底冒出白烟。三是上刀山。砍一棵木头，把磨得锋利的杀猪刀、砍柴刀等比较长的刀镶嵌在木头上

花脸表演

图 4-3

形成刀梯，把刀梯捆在堂屋的中柱（中间最高的柱子）上，端工先生背着需要过关的孩子边唱边爬上刀梯然后再爬下来。这三个环节象征着端工先生背着孩子在神灵的帮助下历经磨难，把命中注定的难关提前度过。四是钻木甑子（酿酒用的木甑子），钻木甑子指孩子在端工先生的护送下钻过甑子，孩子的"干爹"在甑子另一端接孩子。孩子钻出甑子后过关仪式基本结束。在此过程中端工先生象征神灵的代言者，他们代表神灵帮助孩子渡过难关，孩子的"干爹"象征着凡人，把孩子从神灵手里接过来，甑子相当于神界与人界的分界线。

  傩戏本身蕴含着道德教育，傩戏实施的过程本身即道德教育过程。如"朝斗"表达尊老与孝的道德思想，"过关"表达的是对神灵的敬畏以及对长辈的感恩，端工先生的行为渗透着救人于苦难的道德精神，"杠神"本身是对恶神的惩罚与善神的孝敬。因此，傩戏本身是以道德教育为目的的传统文化活动，亲历者以体验的方式受到了关于神灵的道德教育，旁观者则从仪式的观看中受到相应的道德教育。

二、送船船

送船船，也称送鬼，这是当地人与神灵交往较为常见的方式，其原因在于此种方式相对简单，成本低。草船，顾名思义指用稻草编制的船，船头与船尾用绳子连起来，便于仪式结束后把船拎到山上烧掉。草船摆放在堂屋中央，放上豆腐与印粑①等祭品，插上一炷香。准备工作结束后，送船船仪式正式开始。送船船仪式主要包括五个环节。

一是请示天神。端工先生手持竹卦相互敲击，以说唱的形式请示天神，借助天神的力量帮助自己遣送凶神恶鬼。二是拷问鬼神。因有天神的监督，鬼神不敢隐藏自己。当地人认为非正常死亡者死后都会成为恶鬼，回到阳间害人。拷问鬼神即通过抛卦的形式确定是不是某位鬼神。如村民A是被水淹死的，那么端工先生拷问，如果是死去的A就降下阴卦，如果降下阴卦则证明村民A是此户人家里的恶鬼。恶鬼拷问结束后还会拷问神，即通过问卦的形式询问主人是否触怒了神灵。拷问结束的标志是问家中还有无其他妖魔鬼怪，如果有请降圣卦，如果没有降圣卦则继续拷问，直到降下圣卦为止。三是请鬼神上船。鬼神拷问结束后，祭祀先生会请天神协助自己请鬼神上船，同时代表主人向鬼神道歉，如果主人得罪了鬼神还请鬼神包涵与谅解。请鬼神与道歉结束后，先生通过问卦的形式询问鬼神是否愿意上船。如果愿意即降下圣卦，如果降卦不是圣卦，先生则继续代主人向鬼神道歉，并请求天神协助，直到降下圣卦为止。四是送船。鬼神上船后，先生则请示天神监督鬼神离

---

① 圆形的糯米汤粑，通常祭祀结束后由在场的人分吃。

开并要求其不能再回来，同时也希望天神保佑主人无灾无难、六畜兴旺。五是拖船与烧船。第四个环节结束后，端工先生会唱"水打烂疙蔸，一去永不回"，这时旁观者则拎着草船走出大门，并把草船拿到看不见村民房子的山沟里烧掉。到此送船船仪式正式结束。

送船船通常包括显灵船与平安船两种类型。显灵船指鬼神可能在主人家中待了很长时间，但是主人一直不请先生对其表达敬畏之礼。鬼神便开始显灵，惩罚主人，而主人害怕惩罚则请端工先生送草船。平安船属于预防性的船，指人们闲来无事的时候，即请端工先生前来送船船，目的是提前预防以保平安。从道德的视角看，送草船本身蕴含着道德教育，表现为人在与鬼神的接触过程中要小心翼翼，尊重鬼神，不能得罪它们，如果得罪了鬼神也要立即请端工先生前来请送，并以礼款待，否则即使送了但"送不落"，鬼神反过来会变本加厉伤害主人。其中蕴含的是尊重、以礼待神的道德品质。关于送船船，笔者访谈了80岁的老人WY，验证了送船船仪式中蕴含着道德教育思想。

送船船是送鬼，当地人对鬼神持有怀疑态度，为什么大家怀疑，主要是民国时期，村里的LS被抓去当兵10多年都无音信，村里人都以为他被打死成为恶鬼，因此每次送船船拷问时都有他存在，大约20年后LS回家了。这个事件以后大家就不太相信鬼神，但有些事好像确实与鬼神有关，所以也就宁愿信其有不愿信其无。无论送船船真假，它对人们还是有一定的教育作用。一是提醒人们出门要小心，不能进入鬼神的领地，你打扰他，他就会跟随到家打扰你。二是过时过节的时候要孝敬鬼神，你孝敬他，他得到好处就不再来影响人们生活，甚至还会保佑你。

三、拜树、石保爷

拜树保爷、石保爷，顾名思义，即拜大树与巨石为保爷。当地人认为千年古树与巨石都具有灵性，它们可以保护人健康成长，无灾无难。基于这样的假设，多灾多难的孩子通常都会在端工先生的指导下拜村寨周边的古树与巨石为保爷。事实上这是一种希望的寄托，希望古树与巨石能把自己旺盛、持久的生命力注入孩子身上，让孩子获得战胜病魔与灾难的能力。叫保爷的程序分为三步。一是请端工先生选择良辰吉日，备好祭品，带到大树或大石头边举行仪式，然后通过问卦形式询问石头或大树是否同意孩子叫其为保爷。如果其答应孩子叫它保爷，孩子会在这里三叩首，并恳请保爷保护自己健康成长。仪式完成后，每年除夕与正月十四下午，孩子则备好香纸烛与印粑前去给"保爷"拜年，平时还需要随时关注保爷周围的环境，杂草与乱石都需清理，且不让他人在此乱砍、乱挖、乱敲。当然对于这种石头与树，即使不叫其保爷的人也会心存敬畏。L村寨有棵几百年的枫树具有灵性，很多孩子都叫其保爷，2019年该树的大枝丫夜间掉落，人们把其挪到路边，没有任何人敢带回家烧掉，害怕惹祸上身。因为树与石具有灵性，当地人认为树枝断与石头自然垮塌是灾难的预兆。L村寨人似乎还找到"有力"的证据来预示2020年的新冠肺炎疫情，人们认为1958年此树掉落过很大的枝丫，接着就发生三年自然灾难，寨子里饿死很多人，2019年掉落枝丫并发生了全国性的新冠肺炎疫情。尽管此种说法缺乏科学依据，但人们仍旧是宁愿信其有不愿信其无，对此树仍十分尊重。

尽管叫大树与巨石为保爷看似较为愚昧，也无任何科学依据，但是在道德层面上其中蕴含着人与自然的互生关系。其背后的逻辑为：大树与巨石能用自己的力量保护人的生命，人则需要保护大树与巨石。把这种关系扩展到更大的范围中，即人需要尊重自然并保护自然，与自然和谐共处，自然也会回报人。关于树保爷与石保爷，笔者有亲身体验。1990年，笔者因身体患病，在父母与端工先生的安排下叫了村寨中的巨石为保爷,并且每遇节日都前去烧纸,清理周围的杂物,同时叫该巨石为保爷的人有5个,祭拜一直持续到初中毕业。初中毕业后因外出学习,也就没有再去祭拜石保爷。现在回想起来,当年祭拜石保爷的心情还是很虔诚的,焚香、烧纸、摆祭品、鞠躬以及清理周围的杂草,表现出一种发自心底的对自然的敬畏与祈求。

四、请老祖公

老祖公泛指所有逝去亲人的神灵,请老祖公表达的是对逝去亲人的怀念。通常请老祖公主要请自己的直系长辈血亲,也请姻亲长辈和直系血亲或姻亲中的平辈或晚辈。请老祖公通常在香火前和大门外。香火前主要请在家中断气死亡的亲人,而大门外主要请在屋外死亡的亲人,当地人认为在外死亡亲人的鬼魂无法进屋。请老祖公不需要请先生,操作简单方便,所以是当地最为频繁的祭祀活动,如端阳、七月半、中秋、重阳、春节以及婚丧嫁娶等都需请老祖公。请老祖公的基本仪式为摆贡品、烧纸钱和语言交流。贡品主要摆在香火前的大桌子上和大门外的板凳上。香火前摆上三碗饭和一碗菜、酒等祭品,大门外摆上一碗饭菜混合贡品,同时香火下和大门外分别点三炷香①,准备工作结束后男性户主则敲磬②,标志着请老祖公仪式开始。首先是在香火前一边烧纸钱,并逐一念逝去亲人的姓名,屋内烧结束后则到大门外烧,烧完纸钱后,分别朝纸火堆中滴一点酒,从饭碗中分别夹一点米饭和菜丢入其中,并收拾碗筷,仪式就算结束。最为隆重的是正月十五自下午的"打发"老祖公仪式。打发老祖公源于除夕的接老祖公。从除夕开始,亲人神灵来到家中接受供奉,正月十五意味着过年结束,人们开始上山干活,因

---

① 三炷香即一炉香。
② 磬通常放在香火上,专用于祭祀神灵,类似于学校敲钟。

此没有闲暇时间供奉老祖公,需要把老祖公送神回自己阴间的家中。在这个仪式中,L村寨人会用火纸做成"长钱"① 挂在家里的猪圈、牛圈、生产工具、生活工具、米柜、衣柜、灶台与水缸等所有物件上。然后在香火前完成正式的祭祀,结束后再把挂在家具、用具上的纸钱就地点燃,纸钱点结束后放鞭炮送神灵,标志着年正式结束。人们认为家里所有的物件都具有灵性或者说其背后都有神灵在控制,正因如此各种物件才能真正为我所用,因此给家里物件烧纸钱本身有感谢神灵的意思。

五、其他敬神灵习俗

寒婆婆。L村寨出村的道路上有位神被称为"寒婆婆"。据说从这里经过不向她表达歉意或者"报告",她会在冥冥之中控制着人的思想与行为,导致人在天黑时还回不了家。由于人们外出不可能经常带着祭祀之物,因此对寒婆婆的孝敬主要是扯一把草放在神位前,并念"寒婆婆,我送你一把草,我去得迟,回来早"。这样做据说寒婆婆会保证人办事顺利,天黑前能回到家。

土地。土地神俗称"菩萨",当地每个寨子都有自己的土地神,立在寨子外比较向阳的路边。拜土地神通常在小年三十与大年十四②。除夕与正月十四吃年夜饭前,人们会把糯米做成的印粑装到碗里,带上一炉香、一撮纸,让孩子(如果没有小孩就是大人)前去给"土地神"拜年。孩子在把香纸点燃焚烧后与其他小伙伴分享自己的印粑,吃完后才能回家。非本寨土地辖区的人因重大活动路过此地也需拜土地神。如接新娘子、运送木料、送病人就医等都需要拜必经之路的土地神。据说如果不拜,土地神将会显灵惩罚他们。

---

① 即把火纸沿着钉穿的地方撕破,形成松散的纸钱,相当于不撕开时的三倍长。
② L村寨人把除夕称为小年,正月十四称为大年。

谢土神。L村寨人认为，新房建好的前三年，每年都需要谢土神，俗称"谢土"。谢土的程序较为复杂，需要请道士先生算好"期辰"，主人备好香、火纸、蜡烛以及肉、豆腐等祭品，道士先生带上铜钱在提前预定的日子前来新房谢土。谢土的目的有两个。一是向众神请安，表达对土神的感谢。二是表达祈求，期望得到神灵的眷顾，能在土神的辖区内人丁兴旺、财运亨通、子孙有福、长命百岁。如果旧屋的改造需要"动土"，"动土"前需择日请示土神，"动土"结束后需举行仪式感谢土神。此外，有些家庭经常遇到灾难也会谢土，以祈求土神保佑其身体健康、人畜兴旺、财运亨通。

第三节　人生礼俗

人生礼仪即人必须经历的成长仪式，只有经历了这些礼仪的人生在当地人看来才算是完整的人生，也才能是人们认可的完整的人。如村寨里曾经有位盲人从未结过婚，在当地人看来其人生属于不完整的人生。当地的人生礼仪主要包括出生礼、结婚礼和死亡礼，其中最为重要的是结婚礼与死亡礼，二者有固定的仪式，参与人多且热闹。当然除必备的三种礼仪外，还包括"过关礼"和"寿礼"以及其他礼仪，但这不是人人必须经历的礼仪。

一、出生礼

出生礼，俗称"打锅"，现称"月米酒"。20世纪90年代前，出生礼通常在孩子出生满月的时候举办，参加的人主要是产妇娘家至亲的已婚妇女，及其已婚姑姑、舅娘与表姐妹等，当地人把参加出生礼的妇女戏称为"母猪客"。产妇的父母及其娘家至亲通常会赠送共计成百上千斤粮食,这时产妇的夫家人会请寨子里的壮劳力前去挑粮食,俗称"挑笼",当地人会根据"挑笼"的数量判断其父母是否富有和是否关心自己的女儿。2000年以后出生礼已演变为和婚礼一样办酒,男女老少都可以去吃酒且送礼。

传统的"打锅"并没有严格的礼仪,也不需要举行复杂的仪式。参与主体是产妇的娘家,外加血缘关系较近的亲戚与邻居。邻居的主要任务是帮忙,即在"打锅"期间帮助主人做饭、做菜以及烧火洗碗等以招待产妇的娘家人。"打锅"并未强行规定在满月的当天,满月后都可以举办。根据产妇夫家的家庭经济以及好客程度决定"打锅"时间的长短,少则三天,多则五天。"打锅"主要包括三方面的内容。一是歇客接礼。前来参加的妇女来到主人家的当天称为歇客,歇客当天主人请村里的男性去产妇娘家"挑笼",即把产妇父母赠送的食物与前来参加满月酒的娘家亲人赠送的食物挑回来。非娘家的亲戚朋友则自行前来而主人不会派人去接。歇客当天的晚饭前,主人自己在家中请老祖公,表示对祖先的感谢以及祈求。感谢其保佑孩子平安出生,祈求其保佑孩子健康成长。二是玩耍与考察。玩耍与考察主要指参加"打锅"的妇女第二天便开始在产妇夫家周围走动玩耍,与其他村民接触与交流,深度了解产妇的生活状况以及家人对待产妇的态度等。为显示产妇婆家的热情,夫家的至亲会轮流请客人吃饭。三是回礼。最后一天上午,客人吃完早饭即启程回家。主人会给跟随其母亲前来的小孩子每人发一件小礼品。小礼品由主人自己决定,包括手绢、衣服等,前来的长辈还叮嘱产妇的丈夫好好照顾新生婴儿与产妇。

出生礼作为女性主导的礼仪,其中蕴含着丰富的道德内容。一是母亲职责教育。前来的"母猪客"主要包括产妇的母亲、婶婶、嫂子与姨妈等亲属，她们是产妇的后家，是产妇人生的避风港和倾诉对象。在此期间她们会向产妇传授自己照顾孩子的经验以及注意事项，并告诉产妇要好好照顾孩子，勤俭持家做个优秀的母亲。二是心理疏导。可能因生育孩子的性别让婆家人不满意，从而使得产妇处于压抑状态，"信得过"的一群女性前来既可以给产妇底气，也可以帮其缓解压力，还产妇以阳光心情。三是出生礼期间，产妇的母亲、婶婶、姨妈等长辈会摆布①女婿，要勤劳俭朴，好好尽到为人父、为人夫的责任，此过程本身也是道德教育过程。

二、结婚礼

婚礼是当地的成年礼，俗称"当家"，婚礼结束后意味着新郎新娘即当家为人，独立承担社会责任。通常婚礼前期称为"罕亲"②，这个阶段是双方父母考察未来女婿和媳妇的阶段，这期间男孩不仅在节庆时去女孩家拜年、拜中秋、拜端午等，在农忙时节要约上村寨里的好兄弟前去帮忙干活，女孩则会纳鞋垫、做布鞋送给男孩子。在此过程中，考察的内容主要是勤劳、诚实、为人处世以及身体健康等，道德在其中占有很大的比例。如果定的娃娃亲，罕亲时间可能长达20年甚至更长。罕亲阶段，如果男方发现女方不符合自己的要求需放弃此段亲事，女方只能配合，如女方发现男方不符合自己要求而主动放弃男方，双方直系亲属则会聚集到女方家算账，扣除女方支付的罕亲花费外再补偿男方钱财。婚礼前罕亲过程可视为对男女双方道德品质进行考察、教育与引导的过程，在此交往过程中双方家长会适时摆布两个孩子，教育她们好好做人。

---

① 摆布，即说理、疏导和教育之意。
② 罕亲，通过持续不断的交往以维持亲属关系，当地人念"罕"为"héng"。

女性的婚礼也称哭嫁,当地人哭嫁的起源无法考证,但是区域范围内的哭嫁"最迟应在晚唐五代就已产生,在宋代就已形成族群内婚嫁的习俗"。[1] 女性婚礼的筹备时间从"走路"开始,"走路"俗称讨年庚。在婚礼前一年,男方按照近似婚礼的模式,请族亲中的数十名男性带上布匹、条肋[2]与肘子前去女方家下聘礼。下聘礼的队伍需要在女方家住三到五天,类似于女性"打锅"的模式。"走路"后女孩子即在家开始准备婚礼。一是"扎鞋"。"扎鞋"即手工做布鞋。新娘新郎各自父母的姐妹、干爹干妈、爷爷奶奶与外公外婆在婚礼当天都会获赠新娘"扎"的布鞋。因此"走路"后女孩的嫂子、婶婶、家族或邻居中未出嫁的女孩子夜间都会来到女孩家,帮助或教女孩做鞋,交流婚后的经验以及教女孩学哭嫁歌,哭嫁歌的歌词含有丰富的道德元素,同时已婚女性会摆布女孩以后要如何勤俭持家、待人接物与洒扫应对进退等,这些都属于道德教育内容。哭嫁开始于婚礼"正酒"[3] 的前两天凌晨,俗称"开声",开声先哭父母,再哭爷爷奶奶,最后是在场"耍"的人,"开声"后去新娘家的人都要被"哭",哭嫁在"正酒"当天下午达到高潮。首先是哭花筵席,接着是哭前来参加婚礼的亲朋,最后是新郎家派来接亲的人。哭嫁分为"真哭"与"假哭"两种形式,真哭通常是哭自己最亲近的人,假哭通常是哭不够熟悉的人。"正酒"第二天天亮,哭嫁结束,新娘被男方派来接亲的人接走。

哭嫁是出嫁的仪式,遵循该仪式本身是遵循当地的道德习俗,20

---

[1] 冉竞华.乌江流域沿河土家族"哭嫁"习俗的形成[J].吉首大学学报(社会科学版),2017,38(S2):91-93.
[2] 土家方言,顺着猪肋骨割的肉条,用作礼品。
[3] 新娘在自己家举行婚礼的当天,亲朋会集中前来新娘家祝贺,新娘父母摆酒招待亲戚朋友,俗称"正酒",第二天迎新队伍把新娘接到新郎家,在新郎家举行婚礼,当天为新娘的"正酒"。

世纪90年代及以前，如出嫁时未哭嫁会被视为异类，还会受到家族的道德谴责。哭嫁的顺序是先哭现场的最高辈分的长辈，如果同辈在一起则先哭年长者，此顺序本身蕴含着儒家传统的纲常伦理。哭嫁歌的内容也蕴含丰富的道德思想。例如，赞颂良好职业道德的哭嫁歌："手拿铁锤凿四方，到处请你打水缸；打个水缸四角边，野鹿含花在中间；打个水缸四只角，锤子錾錾手中凿，打个水缸花又花，千人百人来看它，人人都说打得好，十人见了九人夸。"（《哭石匠》）担心自己未做好合格晚辈的哭嫁歌："当门有根橙，没喊舅姨稀罕又稀罕；堂屋当中挂把秤，没给舅姨安板凳；舅姨坐起心不宽，男外甥来把穿鞋，女外甥来折财，折财落在外甥手，不如亏在万丈岩。"（《哭舅舅》）教育女孩婚后勤俭持家的哭嫁歌："以和为贵人爱人，以睦为尊人顾人。起早睡晚莫偷生，勤耕苦做福中生。吃得人间苦中苦，方为世间人上人。"（《母哭女儿》）总而言之，哭嫁习俗中蕴含着封建社会的男尊女卑、孝亲、忠贞、忍耐、顺从与和气等道德品质。[1]

三、死亡礼

死亡礼是人生中最后的礼仪，在人生中犹如婚礼同样重要，甚至比婚礼更为重要。婚礼适当的时候可以简化，或者存在不举行婚礼而自由结婚的情况，造成的影响只是给人们增加茶余饭后的话题。死亡礼则不同，当地不能简化，除非是异地失踪死亡并无人知晓的情况。死亡礼与丧葬礼不能完全等同，死亡礼指从人"落气"（指没有呼吸）开始，直到"烧七"完毕，死亡礼才算真正完成。当地的死亡礼主要包括初死与告丧、设灵入殓、跳丧、抬丧、下葬与烧七等环节。

---

[1] 杨智. 土家族哭嫁习俗中的女性成人教育研究［D］. 成都：四川师范大学，2010.

初死与告丧。人即将死亡之际，子孙必须围在旁边，其儿子坐到床上扶着将死亡之人，等着将死之人"立口头遗嘱"，子女同时做出承诺，要死者放心上路，同时煮"落气饭"与准备鞭炮。"落气饭"用大米煮，不能太熟。人死后"落气饭"马上盛到碗里面放到死者枕头边，人断气后立即点燃鞭炮，俗称"打惊张"，通知族人或邻居人已死亡。死亡后，趁着身体热乎，子女立即给死者擦洗身体并穿上寿衣。族人或邻居听到鞭炮声后则会前来"耍"，为死者后事献计献策，主动等待分配"活路"。活路主要有向亲人"放信"①、请先生、砍柴、准备棺材、做饭菜以及购买丧葬用品等。请先生指请道士先生，道士先生将根据死者的生辰八字确定下葬时间。下葬时间确定后"放信"的人才通知远处的亲戚。从死者断气始，女儿、孙女、儿媳妇与孙媳妇等女性晚辈开始"哭"。一是表达歉意，以"哭诉"的形式诉说死者生前辛辛苦苦劳作一生，未得到孝敬就去世。二是"骂上天"不公平，"哭诉"死者未享受好的生活就死亡。三是"哭诉"自己的悔意，即通过哭责怪自己在死者生前未很好地孝敬死者，希望死者在阴间过上好的生活。

设灵入殓。入殓是将死者从停尸板上移到棺材里面，为死者盖上"老被"（死人的被子），入殓期间，道士先生会敲锣打鼓，唱着请神的歌，烧纸焚香，放鞭炮，死者直系亲属中的晚辈女性则会哭丧。棺材通常都是放在堂屋中的左边或右边，如果死者是在门外死亡的，棺材与灵牌则放在阶阳②或院坝里。入殓后即开始设灵牌。灵牌就是记录死者称谓与姓名的白纸，白纸贴在竹片上，插到用泥土做成的小墩子上。墩子放在茶盆（当地用于盛放礼物或贡品的长方形木盆）里，茶盆放在桌子上。茶盆里面点一盏油灯，焚一炉香，放着落气饭以及其他贡品。

---

① 传达死亡信息，在没有电话的时候需要人工跑去死者的"后家"报信。
② 方言，楼上门前的平台。

跳丧。即做道场。做道场是道士先生的工作，时间长短主要由先生确定，主人只可延长不能缩短。做道场主要包括四方面内容。一是祭祀神灵。这是其中花费时间最长的工作。其中包括穿花、跪拜等仪式，但形式都差不多。二是诵经。诵经即道士先生敲木鱼，念诵经书为死者超度。三是接亡。接亡指把死者的亡魂从冥界请回来。四是拜灿。要求所有晚辈中未婚的孩子跪在堂屋中间的地上，手握点燃的香，跟着先生诵读经书，每诵读一句作一个揖。象征着活人请求神灵善待死者。

发丧、抬丧与下葬。发丧是极为重要的环节，道士先生右手举斧，左手举雄壮的公鸡，通过法术把鸡"定"在棺材盖上。接下来，左手端碗，碗里装着符水，开始正式发伤，这期间族人中的年轻人（抬丧的人）穿着孝衣包着孝帕全部站在棺材两边做好准备。道士先生大声吼叫："凶神恶煞出不出？"众人回答："出。"道士先生把碗抛向空中，同时在空中用斧头砸碎。抬丧的年轻人马上抬棺出门，抬棺过程中棺材不准落到地上，只有到墓地后才能放到地上。抬棺包括抬、扶与拉三种形式，棺材只能有四个人抬，但棺材很重，四个人很难抬着上坡下坎，因此其余的人都扶着棺材。如遇到需要抬棺上坡，每到上坡处，大家齐喊口号"起啊"一起用力爬上坡，参加葬礼的亲戚则负责在前面用绳帮着拉棺材。棺材移入墓坑后，开始"清棺"，即打开棺盖把死者的身体与衣服理顺并盖上棺盖。然后开始砌坟垒土，插上花圈、群笼①与纸伞等。

烧七。为表达对逝去亲人的哀悼，下葬后需要"烧七"，埋上山七天后死者最亲的人前来祭拜，俗称"烧头七"。"烧七"主要是通过以"哭"表达悲恸，同时要到死者墓地烧灵房。按照传统的风俗，死后需

---

① 用彩色宣纸制作的花笼，用竹竿挂起来插到新坟上，其功能类似于花圈。

要烧"七个七",即每隔七天祭祀一次,直到烧满四十九天为止。烧最后一个"七"的时候,才把死者的灵牌拆掉,"烧七"正式结束。此外,死者下葬后需要连续三年给死者"上坟",上坟需请道士先生前来祭祀,同时清除周边杂草并把坟垒饱满匀称。

死亡礼中的道德教育可归结为三方面。一是孝亲。死亡礼是生者对死者所行的礼仪,是生者对死者的哀悼,其中也包含着祝福,请阴阳先生做道场、看墓地、烧七等整个流程蕴含着孩子对死亡父母的孝,仪式越隆重孝亲程度越深。二是互帮互助。从死者死亡到下葬,族人或邻居都会主动前来帮忙完成仪式并送逝者上山。即使处于农忙时节,大家同样会放下手里的活前来帮忙。其中蕴含着互帮互助的道德观念,此过程对于品德高尚者是一种互帮互助道德思想的强化,对于不理解互帮互助道德者是一场观摩学习。三是谦虚、感恩、歉意与祝福。死者去世后,按照习俗都需"哭丧",哭者都是死者直系亲属中的女性。没有固定的歌词,哭丧内容由哭者根据自己与死者的关系与了解程度自编哭词。主基调是哀悼,内容主要蕴含谦虚、感恩、歉意与祝福。谦虚主要诉说死者生时自己未尽到孝;感恩是感谢逝者生前的生养之恩以及对自己的关照和帮助;歉意是向死者表达歉意,主要表达自己在与死者生前的交往中有对不起死者的地方;祝福是祝愿死者在天堂能过上好日子。谦虚、感恩、歉意与祝福是道德教育的内容,生者哭诉的过程本身是在自我回忆与教育的过程,也是提醒自己以及在场的人要好好对待身边的人,免得"子欲孝而亲不在"的情况出现在自己身上。

第四节 休闲娱乐习俗

古代能外出求学的机会少,能在政治和教育等官方平台展示自己才华的机会更少，因此L村寨人只能在自己生活的圈子中把休闲娱乐和才能展示有机衔接起来，既能丰富精神生活也能展示自己的才能，更重要的是能为孩子成长树立榜样。休闲娱乐习俗主要展示文化音乐才能、身体才能和交流才能，每种娱乐习俗可能同时展示多种才能。笔者在这里主要描述当地较为典型的耍花灯、耍狮子和唱山歌三种休闲娱乐习俗，并分析其中所蕴含的道德教育思想。

一、耍花灯

花灯是土家族重要的娱乐活动，花灯只在春节期间的夜晚举行，每年除夕夜开始（俗称出灯）正月十四晚上结束（俗称完灯）。正月十五休息一天后，当地人开始春种工作或者开始为春种工作做准备。花灯分为车马灯与一般花灯两类。相同点是都有扮演小丑的"唐二"与男扮女装的"花姑娘"，两盏灯笼（象征天的圆形灯笼与象征地的方形灯笼）、一个钹、大小两面马锣子，主唱3—5人。区别是车马灯多了用竹扎纸糊的马头和车模型。花灯是入户花灯，即花灯队伍挨家挨户到主人堂屋里面跳花灯。出灯通常选择从寨子最边缘的人家开始，然后依次入各家各户家中去"耍"，直到天亮为止。如果寨子当天没有耍结束则第二天晚上继续耍。耍花灯通常以当地人居住的堂屋为单位，除特殊情况外，每栋房子的堂屋都必须去耍，主人也特别欢迎，因为当地人认为花灯进家不仅带来喜气，同时也驱除和带走邪气。有时候一个寨子组织一个花灯队，也存在两个寨子合建花灯队的情况。花灯队通常在主办方的村寨耍，也可能去其他村寨耍，但完灯是在主办方寨子里耍完后进行。完灯仪式结束后即把花灯的灯笼、车与马送到看不见村民住房的山谷里烧掉，标志着当年的花灯戏正式结束。"耍花灯"以堂屋为计算单位，一间堂屋跳一堂。每堂花灯的具体环节包括接灯、上半场、茶酒歇、下半场与送灯五个环节。为了让村民判断花灯的走向便于做好接灯准备，也让处在队伍后的人不掉队，在户与户之间的路上则会敲"引路乐"，引路乐的敲击拍子为"嚓哨丁啢"。

花灯队伍到每家的大门口才开始唱，主唱开口唱，乐器立即停止，主唱开唱后其他人跟唱或和唱，边唱边进门。在这期间主人放鞭炮迎接，进门曲主要是赞赏主人家的雄壮与喜气。如"一进门来闹洋洋，四根中柱顶大梁，大梁顶是檀香木，二梁顶是紫檀香"。古时当地人主要住"土墙屋"，很难建成三间七柱落脚的瓦房，更不可能用名贵木材檀香木与紫檀香建房。因此这段歌词是采用夸张的手法对主人勤劳俭朴的劳动品质的赞赏。花灯进门后，两个灯笼相向垂立，圆形灯笼立在香火下，方形灯笼立在大门口，两盏灯笼之间即"舞台"，灯笼立好后"唐二"腰捆黑丝帕，半蹲身子脚踩"崴步"[①]入场，"花姑娘"右手握扇，左手拎花帕面向唐二，轻移莲步同时摇扇舞帕，在唐二的"引诱"下从香火侧方向进入，同时乐器响起，节拍为快速的"嚓当嚓当嚓嚓当"，同时小马锣子持续不断地"丁丁"。大约三分钟后，主唱开始唱，其他人和唱，乐器停止，这期间花姑娘握住唐二腰上的黑丝帕，与唐二一起来回晃动身体。唱完一曲，唐二与花姑娘继续跳。跳的过程中唐二会"聊白"，"聊白"类似于说相声，"聊白"开始即器乐停止，"聊白"结束器乐则继续响起。花灯总是在唱、跳（器乐）与"聊白"的交替中进行。上述是一般花灯的"耍"法。车马灯是在一般花灯的基础上增加了竹扎纸糊的车马。具体情况为把扎好的车套在花姑娘腰上，象征女性坐车，唐二同样在车前跳，扎好的马头套在一位男子腰上，男子单脚跳动模仿马走路，一位手持马鬃的人扮演马夫半蹲身子

[①] 张承嘉. 浅析重庆秀山县土家族花灯的保护与传承[J]. 戏剧之家, 2019 (03): 65, 67.

"逗马"。每到开始唱的时候，花姑娘与唐二停下，马夫跳上大门槛唤马（音为 duai-duaiduai），扮马者则跟着跳上大门槛，学马叫以示回应。普通花灯与车马灯只是在工具上有所差异，其他都完全相同。

大约十分钟左右，主人会把酒菜、酥食、麻饼等端到香火前的桌子上，花灯队开始休息，休息期间花灯队与看热闹的人都要吃东西与喝酒，主人会陪带头人边吃边喝边交流，休息约五分钟，花灯队继续开始跳，进入下半场。这期间喝酒的人相互之间可能继续交流或劝酒，其他人继续下半场。吃完东西后即唱歌感谢，如"吃了主人酒，感谢主人酒，希望主家年年有"。吃了他人的东西表达感激的过程也属于体验性道德教育过程。下半场与上半场的唱跳基本相同，差别只是唱的歌曲可能存在差异。下半场大约十分钟左右，花灯队准备去下户人家，这时主人会拿两挂长钱挂在花灯灯笼上，意味着花灯会带走一切凶神恶鬼，花灯队伍在"完灯"的时候会把长钱、灯笼、车马一起烧掉。花灯出门的时候，要送主人祝福，边祝福边出门。祝福词如"这家堂屋宽又宽，花灯进来好转弯，弯弯拐，拐拐弯，十个儿子九个官"。花灯出门后，主人会放鞭炮送花灯。花灯队伍接着去下一户人家继续重复"耍"，一直耍到第二天天亮，只要天亮花灯就必须回到花灯牵头人家里。通常花灯每天晚上只能耍二十户人家。花灯队除核心人员外，队员基本是根据自己的兴趣爱好随意参与和离开，尤其是村寨中好酒者会跟随花灯队耍到结束。由于每户人家的茶酒歇都要喝酒，如果外出到其他村寨还存在拼酒的情况，花灯队中的喝酒者如身体需要休养则会隔天参与。

花灯戏的仪式中本身含有道德元素，如进门赞颂，出门送祝福，同时还会通过挂长钱的形式带走主人家中的凶神恶鬼或晦气，在此意义上花灯戏本身属道德习俗。花灯戏的歌词也蕴含着丰富的道德元素，其中既有职业道德，也有做人的道德。到屠夫家、木匠家、石匠家、阴阳先生和端工先生家都要根据其职业唱对应的歌。为考验花灯队的水平，通常匠人或先生会把自己的专用工具放到桌子上提示自己的身份，如果不会唱则不会上酒菜，这样花灯队会颜面扫地，以后不能再去"骗吃骗喝"。进门时候的歌词"那家要到这家来，两扇财门大大开，开开财门由我进，四代儿孙做高官"是从道德角度对主人后代的祝福与希望。唐二的聊白："我唐二不姓唐，相了个懒婆娘，立起有三抱大，睡起有九排长，睡到半夜一泡尿，把我冲下湖州场。"这段聊白起到了娱乐作用，但其中也蕴含着当地人要求女性需具勤劳的道德品质。花灯队伍还会根据主人家里的情况送上各种祝福，此类祝福中也蕴含着传统的道德思想。如遇家有老人的情况，则会通过歌词表达尊老的孝亲思想，歌词为"得且天来且天天，家里有老寿星，头发白了要转亲，牙齿脱了要生根"。

二、耍狮子

耍狮子何时引入至今已无法考证，但现今流传的耍狮子与当前主流的"舞狮"表演有所差异，当地的耍狮子融合了武术与杂技的元素。耍狮子主要包括舞狮和耍桌子两方面的内容。舞狮只是耍狮子中的环节之一，舞狮需要四个人，即狮头、狮身和狮尾以及引狮人。披狮皮需要掌握的技巧主要是翻滚（模仿狮子打滚）、摇尾和摇头等动作要领。耍桌子的要领是高空倒立，此外还包括抹角、跃桌和空翻等。与耍花灯相比，耍狮的专业性更强，需要从儿童时期开始练习，通常12岁以后才能正式表演，只有此年龄段的孩子才有足够的力量完成相应的动作。狮皮通常用布匹做成，狮头用竹条与纸扎成，这样的"狮子"不仅成本低，且轻便易于表演。

耍狮子通常正月初一开始，正月十五结束。耍狮子由头人负责，他

<<< 第四章　传统道德的实践载体

在业余时间常指导小孩子练功，也负责保管耍狮子的整套设备。耍狮子分为入户耍与大坝耍两种形式，入户耍即狮队白天挨家挨户"耍"。狮身与引狮人在锣鼓声中会跳上香火的大桌子，表演倒立、抹角等具有难度的动作，主人赏赐钱财后随即离开。狮具有驱恶辟邪的功能，入户耍狮的主要目的是带给主人好运，带走霉运，狮队也能获得少量的钱财用以维持狮队的运行。入户耍狮都在白天进行，正月十五停止入户，耍狮则在当天进入高潮。正月十五，狮队选择村里最大的院坝开始一年一度耍狮的最后挑战，这天通常附近的人都会前来观看。除在本寨耍以外，其他村寨春节期间如花钱邀请，狮队会外出赚取外快以维持狮队设施设备等方面的开销。

图 4-4

大坝耍狮需要找村民借来香火下摆放的大桌子，采用桌面贴桌面，桌脚对桌脚的方式把桌子叠起来，桌子数量不限，桌子数量少则叠起来的高度不高，相应难度较低。最顶端的桌面上通常摆放一条板凳，板凳上摆一盘鞭炮。据说清朝时期当地人耍狮的技艺精湛，最顶端的桌面上

135

放板凳，板凳上放一只木桶，桶里装上豌豆，豌豆中间插一把宝剑，宝剑上放一盘鞭炮。据说后来耍狮的先辈们认为喜庆的春节到刀尖上去表演不吉利，所以现在是在板凳上放鞭炮，更高难度的挑战都不再出现。桌子叠好以后，为安全起见狮队用自带的麻绳与竹片把桌子脚对脚的地方夹上并缠紧，以防桌子滑动和倒塌。为了激发狮队的热情，增强挑战的动力，村民会凑钱或村寨里有钱的人会在桌子顶端放上钱，钱的数按照桌子数量计算，可以是十元一张桌子，也可是二十元一张桌子，挑战越大钱会越多。

耍狮的准备工作完成后，接下来耍狮正式开始。狮身与狮头顺放在坝子上，狮头朝桌子方向。锣鼓响起，五个耍狮人从狮头与狮身上空翻过去，来回翻六次，然后其中的三人（狮头、狮身与狮尾）顺势滚进狮皮中把狮皮罩到身上，开始模仿狮子的动作，跳跃、踢打等。在此期间一人扮演孙悟空在狮子身上假装找虱子，还有一人在狮头前逗狮子。大约二十分钟以后，耍狮正式进入高潮。狮子开始从桌子上往桌子顶端爬行，孙悟空扮演者与引狮人负责协助与保护，狮子达到桌子顶端后，孙悟空把鞭炮点燃，这时候狮子开始从桌子上往下爬，狮子爬下来以后，孙悟空与引狮人从顶端的板凳上开始表演，在每张桌子的中央和四脚上依次表演倒立。倒立难度越大证明狮队的技艺越精湛。表演完一张桌子随即放下一张桌子。直到只剩最后一张桌子的时候，狮子开始重新舞动起来，从桌子上跳过，从桌子下钻过，表演狮子打滚等。最后一张桌子表演完毕后，整场表演结束。

与耍花灯不同的是所有喜欢花灯的人都可追着花灯跑，并且和声跟唱，而耍狮子更专业、难度大、危险性大，因此村民更多是观看。从道德习俗的视角看，耍狮子也蕴含着当地人的特有的道德情怀。一是团结协作的道德习俗。耍狮子本身具有危险性，耍狮人需紧密合作才能完成任务，尤其是在高空表演上，如有人动作不协调或心眼坏，很可能导致合作者从高空坠落，在此意义上耍狮蕴含着团结协作的道德习俗。二是勇敢无畏的道德精神。耍狮子需要冒险精神和很好的身体协调能力，当地孩子在悬崖砍柴、上树劈柴，在树上和新房架子上蒙眼抓猫猫等劳动和游戏活动中形成了敢于挑战和勇敢无畏的道德精神，耍狮只是此道德精神的升华与凝练或再现。

三、唱山歌

山歌，顾名思义，即在山上唱的歌谣。山歌分为两类。一类是成年人劳作过程中所唱的山歌。这种山歌通常是自己独唱或和唱，喜欢唱什么就唱什么，目的是缓解劳作过程中的烦闷与给自己壮胆。前文已经讨论过当地的很多山谷里都有人摔死过，并且非正常死亡的人都会埋到远离村寨的沟壑之地，因此在山谷沟壑的地方总觉得阴森恐怖，需要通过唱歌给自己壮胆。另一类是儿童青少年男女的山歌。这种山歌以对歌的形式进行，俗称"对山歌"。对山歌是隔河或隔沟对唱，且对山歌的双方通常都不是同姓人，因为在当地人的道德规范中，同姓人同族同宗，不能结婚也不能对山歌。据资料考证，土家族人对山歌源于古代的"以歌为媒"，土家族人不允许同姓人结婚，"以歌为媒"不适宜在同姓中对唱。"对山歌"是有规矩的，通常是男孩子先唱，对岸/坡的女孩子再回唱。男孩子唱通常是表达自己勤劳勇敢与有责任感等男性道德品质，而女孩的回唱通常是贬低男孩，说男孩懒惰与贫穷。部分山歌有固定歌词，但更多是临场发挥，因此对山歌也是男女双方的才艺比拼，男方失败则会显得没面子，有时候还会从对唱演变为对骂，对骂可能还会演变为打架。

成人山歌通常是当地人行走在路上或劳动的过程中所唱，目的是缓解疲乏或给自己壮胆。笔者在这里主要列举《栽秧歌》《木匠修楼》与《早放活路》。

《栽秧歌》片段："大田栽秧行对行，主人请我来帮忙；大田栽秧先栽角，姑娘下田先脱脚；大田栽秧排对排，莫把腰杆撑起来。"第一句蕴含的是当地人相互帮助的道德习俗；第二句反映的是女孩子要勤劳，要参加插秧等生产劳动；第三句蕴含的是在帮人干活的过程中要诚实，不能耍滑头。

《木匠修楼》片段："山歌好唱难开头，木匠难修吊脚楼；吊脚楼儿吊得高，修起扶梯牢又牢，七杉八松九百条。"木匠属于当地的匠人，在以木房为主的传统社会中，不仅请其建房的人多且人们对其格外尊重。《木匠修楼》赞颂木匠的良好职业道德。尽管吊脚楼难修，但是木匠技艺高超，能修建复杂且牢固的吊脚楼。

《早放活路》片段："太阳落土又转东，我望主人放早工；山遥路远坡又陡，茅草林中路难行，二回还要人不要人。"互帮互助是当地人生产生活中必备的道德品质，此歌既有调侃的意思，也表达了维持互帮互助道德关系的期望，既是告诫自己也是提示主人在请人帮忙干活时要劳逸结合，顾及他人的感受，这种互帮互助的关系才能长久维持。

尽管很多文献记载土家族社会古代是以歌为媒，山歌被视为男女双方表达爱慕之情的载体，山歌能促进青年男女相亲相爱并最终走到一起。山歌歌词的内容对此也有所证实，然而可能自"改土归流"起，当地青年男女的婚配已是父母之命和媒妁之言，山歌此后就变成了青年男女上山砍柴放牛羊的娱乐活动。笔者从当地老人的访谈交流中并未获得证据证明其生活的时代或者其先辈是通过山歌对唱而结的婚。青年男女对山歌包括挖苦情歌、相悦情歌和自由对歌。挖苦情歌通常是男孩子褒扬自己家底厚实、勤劳俭朴、宽容待人、责任感强，女孩嫁给自己不吃亏。女孩子根据男孩自信自夸的歌词对男孩子进行贬低，表达男孩是吹嘘的，谁嫁给他谁倒霉。相悦情歌主要指男女双方相互表达爱慕之情的情歌，自由对歌指因对歌时间长无法完全回应对方，而比谁唱的歌多的对歌方式。

挖苦山歌通常是女孩子唱歌挖苦男孩子，表达自己对美好生活的向往，暗示男孩子要勤劳俭朴创造幸福生活。例如：（男）五句歌儿五起头，七岁放了九条牛；七柱落脚房子大，百年陈粮装满仓；妹儿要是嫁给我，定是你来把家当。（女）细崽崽莫喷经，你的家底我晓得，柜子没得三升米，油罐没得四两油，嘴巴莫要乱讲话，没得姑娘嫁你家。从这里可以看出女孩希望男孩要诚信，要实事求是，而男孩则叙述自己勤劳。

两情相悦的山歌指男女双方相互之间表达爱慕之情，其中也蕴含着双方各自希望对方应具备的道德品质。例如：（女）这山望去那山高，哥子坡上把草薅，只要哥哥人勤快，我来帮倒哥哥薅。（男）这山望去那山高，那山妹子捡柴烧；那年那月同倒我，柴不弄来水不挑。从道德的视角看，此山歌反映出男性应具备勤劳、照顾女性的良好道德品质。

自由对唱山歌指男女之间主要以谁会的山歌数量多为衡量胜负的标准，因此歌词的内容不一定完全要一一回应。例如：郎在高山打石头，妹在山下望黑牛。石头打在牛背上，看妹抬头不抬头。牛不抬头为吃草，妹不抬头是害羞。牛儿不动刷刷幺，一根索索两双手。这段歌词表达的是土家族女孩具备的内敛、含蓄的道德品质。

第五章 传统道德的传习机理

每个民族都有自己的道德传承方式，这是民族向心力得以保持和延续的需要①，也是增进民族成员自我认同的需要。L村寨作为乌江流域的土家族村寨，其道德习俗是其先民结合乡村生产生活实际所创，并成为历代村民自觉遵守的规范。那么，L村寨到底采用何种方式实现了道德习俗的有效延续，以及道德习俗是以何种方式作用于当地人的生产生活，其内在运行逻辑是什么？针对这两个问题的阐释对于我们探讨现代民族乡村道德建设具有重要的启示意义。

第一节 传统道德的传承方式

道德习俗的传承主要指道德习俗如何被年轻人接受并遵照执行，成为人们约定俗成并自觉遵守的规范。现代学校教育主要采用的道德教育方法有说理疏导法、实践锻炼法、讨论法、自我修养法等多种方法②，此类方法也能从L村寨道德习俗的传承中找到其影子。学校教育尽管在

---

① 余文武. 民族伦理的现代境遇及其教育研究——以云南、贵州、四川少数民族为例 [M]. 北京：现代教育出版社，2008：172.
② 白秀杰，杜剑华. 教育学 [M]. 北京：首都师范大学出版社，2017：284-290.

道德建设中发挥了积极的促进作用,但真正起到主要作用的仍是融于人们生产生活实践的道德传承方式。通过对L村寨传统道德习得方式的分析与梳理,笔者发现当地道德习俗的传承方式主要包括故事传说、说理疏导、惩罚矫正、环境熏陶和自我提升五种方式。

一、故事传说

故事与传说是民族文化精神的主要载体,是民族成员了解与认识自己民族,并提升成员民族认同感的重要路径。故事与传说的内容本身具有道德性,它们既承载着民族的发展历程与取得的成就,也承载着做人的原则与方法。故事与传说的流传方式具有有效性,它们以耳濡目染的方式浸润着每个成员的思想,树立着民族成员的自我认同感与自信心。在互联网、电视等现代娱乐方式尚未普及的时代,当地人解除劳作的烦闷或消磨漫长黑夜的方式是讲故事传说,俗称"摆龙门阵"。故事传说主要是通过摆龙门阵的形式得以传承,并成为当地人生产生活中不可或缺的重要构成要素。传统社会土家族女性很难有机会进入学校学习,故事与传说成为长辈教育她们的重要载体。此外故事与传说也是当地人获取外部信息的重要方式。当地的故事与传说主要有三种功能。一是促进家族认同。这部分故事流传于各家族内部,主要传承先辈的英勇事迹以提升家族成员的自我认同。二是提升安全意识。因山高、坎高和坡陡,小孩子被摔伤,手被摔脱臼的情况较为常见,因此部分故事传说的目的是告诫或提醒孩子要具有安全意识。三是传递道德规范和价值观。此部分故事主要包括儒家文化中经典的道德故事和现实生活中的道德故事,目的是传递儒家文化以及人们在生产生活实践中形成的道德观念。

通过对当地故事与传说的梳理,笔者认为其主要包括两种类型。一是经典故事,这些故事可能是自己民族的也可能是其他民族的。经典故事之所以流传，其根本原因在于此类故事具有较强的教育价值或启示意义，并且能提升民族成员的向心力。祖先的英勇事迹和流传多年的儿童故事等都属于此范畴，如当地流传的《董永卖身葬父》《熊嘎婆》《洪水朝天》和各家族的迁徙故事。二是现实故事，主要指发生在现实生产生活中的故事。此类故事能增加受教育者真实的道德体验，相比前者，后者的效果可能会更好。如当地流传的某人被雷劈的故事、某人因道德败坏而死于非命的故事。

尽管当地的先民们接受儒家文化的时间较早，但并未养成用文字记录故事与传说的习惯，因此口耳相传是当地人传播故事传说的主要方式，人们在口耳相传的过程中潜移默化地接受了其中的道德观念，形成了村寨人共同认可的道德价值观。根据摆龙门阵的场所，摆龙门阵可分为三类。一是家庭成员摆龙门阵。在没有互联网和电视的时代，摆龙门阵是当地人消磨漫漫长夜的主要方式。冬季黑夜漫长，晚饭饭后即上床睡觉很难睡着，家庭成员通常会围着火坑"向火"①，并摆龙门阵。因当地海拔低夏季很闷热，通常要待凌晨退凉（变凉）后才能入睡，因此家庭成员或邻居会聚在比较凉快的地方摆龙门阵，以打发等待天气转凉的时间。二是劳作过程中摆龙门阵。因自然环境差，劳作非常辛苦，为缓解劳作带来的疲乏，人们在劳作期间也摆龙门阵，既有家庭成员内部摆龙门阵，也有前来帮忙的邻居摆龙门阵。三是集体活动与串门过程中摆龙门阵。渴望交往与认识未知是人的社会性表征，因为交往过程中人可以获得新的知识与信息，也可释放内心压力。由于传统的L村寨人很少有机会外出与他人交往，因此他们乐于参与各种集体活动以及在不干活时串门。在集体活动与串门的过程中，人们获得了源自家庭成员以

---

① 烤火取暖的意思。

外的更多故事传说，此类故事传说与个体先前掌握的故事传说发生交集，以影响个体的思想与道德。下面是我们整理的三份访谈资料，可以佐证故事传说是 L 村寨传统社会的重要道德习得方式。

村民 XH：我今年 88 岁了，我们小时候不像今天有电视、手机看，连电影都是中华人民共和国成立后才有的。小时候，经常夜间跋山涉水到其他村寨才能看到电影，所以大部分时间都在寨子里。春种与秋收活儿重，晚上睡得早。热（夏）天和冷（冬）天活儿要轻点，热天晚上经常 12 点之前都不退凉，冬季夜长睡早了睡不着。热天就歇凉，冬天就烤火。坐着没有事情做就"摆龙门阵"。很小的时候，我奶奶天天晚上就给我们讲熊嘎婆（熊外婆）骗小孩吃，董永卖身葬父，洪水朝天后人如何传下来等故事。那个时候晚上不敢出门，一个人在家也害怕，担心熊嘎婆来吃人。

从 XH 的叙述中我们可知，这就是最有效的道德教育方式。故事内容本身具有教育性，熊嘎婆故事使孩子具备坏人与恶人的概念，董永卖身葬父使孩子知道了孝敬父母是自己的本分，洪水朝天使得孩子具备了对民族起源的初步认识，容易形成集体的认同感。在摆龙门阵的过程中，孩子事实上是无意学习，结合山谷里野兽出没的场景以及煤油灯照亮的黑乎乎的环境，孩子们对此信以为真，所以学习效果很好。

村民 WH：我今年 85 岁，那个时候每到农忙季节大家就相互帮忙干农活，集体干活的好处就是人多好耍，活干得快。干活的时候摆龙门阵，感觉不费力。集体干活的时候，人多故事与传说也就多，所以摆起来很有趣，在不知不觉中就把活干完了。那个时候不像现在的人见多识广，摆龙门阵可以讨论时事政治和电视、抖音上看来的有趣事情，那时主要是摆人们日常生活中的事情，谁家媳妇不孝敬老人，谁不孝敬父母被雷打了，谁赶场被小偷摸包包，谁家小孩偷东西大人不管，谁家女婿是个小偷等日常生活中的杂事，想到什么摆什么。一个人起头开始摆，把话题引出来，其他人围绕此话题分享自己脑海里收藏的故事。由于是传说，很多故事实际上已被无限夸大，听者有时候也感觉不可思议，但鉴于摆龙门阵者有底有实的描述，大家也就信以为真。无论摆什么龙门阵，都对其他人有教育意义。

从 WH 的叙述可知，尽管在这个过程中摆的都是杂事，但其中的雷劈、偷摸、不孝等都属于道德内容，这些故事与人们生产生活联系极为紧密，容易引起情感上的共鸣，很容易被听者内化。习得新的故事传说后，人们回到家中会把新听到的故事与家人分享，对家庭成员也具有教育作用。在摆龙门阵的过程中，摆故事的人会对故事本身中主角行为进行相应的价值判断，听者也会参与其中评判故事中相关人员的行为，因此摆龙门阵的过程本身是道德教育过程，有助于习得道德是非观念。

村民 GK：红白喜事我们都要去参加，我是屠夫，屠夫在红白喜事中就是帮人管家（相当于厨师长）。休息的时候我们也摆龙门阵，主要摆三方面的东西。一是摆我在外面杀猪卖肉过程中遇到的和听到的趣事，如谁家媳妇勤快，喂猪喂得很肥，有时候也摆哪家主人大方，管厨的时候拿出多少肉，是怎么招待人的。二是与红白喜事本身相关的内容，如果是白事，大家就聊与白事相关的东西，如谁不孝敬老人，老人最后是怎么死的，死以后安葬过程中几兄弟怎么扯皮，分遗产时产生了哪些纠纷等。如果是红事，可能讨论谁家接媳妇我们去帮忙，对方如何招待接亲的人，办了多少嫁妆，木质嫁妆的质量如何等。三是其他的事，想到什么摆什么。如最近外出归来的人分享新听到的事，大家聊聊最近村寨内和邻近村寨发生的有爆炸力的新闻等。摆龙门阵不是一个人在摆，而是大家你一言我一语，图个热闹。通过摆龙门阵，我们获得很多新的信息，这种新的信息在听者回到家以后会很快传播。

从 GK 的叙述中我们发现，村民在红白喜事等集体场合摆的故事既包括与红白喜事本身相关的内容，也包括其他内容，但无论讲什么故事，其主角必然与人关联，与人相关必然就蕴含着对人行为的价值判断，或者说内容本身就是道德内容。因此在这种你一言我一语的讨论中，参与者也习得或强化了相关的道德规范。如笔者曾经参与过白事，大家都在讨论上个月附近村庄有个老太太被孙子打死后，孙子制造假现场说是老太太自己上吊死亡的事。大家都评论这个孙子的做法不道德，触犯了法律。最后死者的娘家来了几十个人，要求死者的孙子背着死者在香火前跪着认错，大家都认为这种惩罚形式太轻。讨论这个案例强化了讨论者的孝亲思想，很多讨论者回家后把此故事讲给家人听，基于此案例的孝亲思想得到了进一步的强化和拓展。

故事传说作为道德习得方式，主要通过叙述、讨论与静听三种形式发生作用。叙述者在内心深处强化这种说法，讨论者通过相互讨论提高道德认识水平，在此过程中可能会修正或提升自己内心原有的相关道德观念或者强化这种观念。静听者能从这些具有道德性质的故事中汲取部分道德内容，增加或丰富道德认识。这种方式的效果较好。一是因为故事传说都与人们的认知水平以及日常生活接近，易于理解。如对小孩子讲的熊嘎婆的故事，对成年人讲的孝敬老人的故事都与人们日常生产生活息息相关。二是除历史流传故事外，其他的很多事情都相对真实，尽管可能有夸大的成分，但是在现实生活中始终能找到原型，这样更能引起参与者的共鸣，强化故事本身传递的道德教育观念。

二、说理疏导

说理疏导是当地人较为常用的道德教育方式，当地人称说理与疏导为"摆布"，是年长者结合自己的生活经验对年轻者进行口头教育的活动,目的是希望能用年长者自己的观念、想法与做人做事的行为准则等影响年轻者或晚辈。说理疏导通常分为三种类型。一是日常生产生活中的随意性说理疏导,指长辈根据自己新接收的或好或坏的信息对晚辈进行说理疏导活动。二是有目的性的说理疏导,指晚辈犯错误后,长辈根据犯错的具体情况对晚辈进行说理疏导。三是预防性的说服教育,指长辈担心晚辈可能会做出不当的行为,而提前针对其进行的预防性说服教育活动。无论何种说理疏导活动,其目的非常明确,即对可能犯错误或已经犯错的人进行劝说与开导,晓之以理、动之以情,使其明白自己可能的行为或已有行为存在的问题及其原因,希望及时纠正以免造成后续的不良影响。说理疏导主要由说与服两个部分构成,说是长辈或德高望重者所做的事,服是可能犯错者或已犯错者的行为表征,说理疏导的最终目的为通过他人开导使被导者"服"。接下来分别依次列举随意性说理疏导、有目的性说理疏导与预防性说服教育三个例子,以此为依托讨论说理疏导法的使用情况。

第一是随意性的说理疏导。指家长或长辈在没有目的的情况下利用与晚辈近距离接触的时间,对晚辈进行道德教育,主要内容是生产生活与做人的基本常识。说理疏导过程中所使用的道德教育内容可能是自己的体验也可能是从他人那里习得的经验,也可能是在与他人交谈过程中受到启示后,自己认为有必要与晚辈分享相关的启示,目的是说清楚作为晚辈应该怎么做及其对应的归因,让接受者能从内心深处认可并在行为上不能逾越相应的规范。

村民XY:我已经70岁了,我爹死得早,我们小时候过得很艰苦,经常吃不饱饭,还受寨上的人欺负。我妈是个很了不起的人,因受人欺负,和人打过架,也去法庭打过官司。小时候,我妈从来没打过我们,都是苦口婆心地教育我们,要行善,要与人和谐相处,不要和寨上人吵架打架，我们人太单（家中男丁少），加上没有爹，更是不能和人打架。如果遇到有人欺负我们，我妈一般也不会去找人家扯皮，都是去找人说理。那个时候不像现在有电视看，白天干活晚上也要干活，晚上干活主要是抹苞谷（把玉米籽从玉米棒上取下来），缝衣服，扎布鞋。干活的时候我妈就摆布我们，我们家是怎么来这里的，寨子上的人对待我们如何，我们应该如何去对付等。

从 XY 的访谈可知，长辈利用夜间时间摆布晚辈是当地人较为常见的现象，或者说"摆布"本身属于当地人的生活教育方式。"摆布"不仅有助于消磨时间与缓解疲乏，同时也是一种情感宣泄方式。尽管这种随意的"摆布"似乎没有明确的问题导向与针对性，但通过这种不间断生活教育活动的耳濡目染，孩子的道德和行为必然受到影响，反过来诉说的长辈在此过程中，其道德观念与认识也不断得到强化甚至修正。

第二是有目的性的说理疏导。有目的性的说理疏导通常是基于实际问题的，相当于问题导向的说理疏导活动，目的是希望听者能以此为鉴不再犯同样的错误。有目的性的说理疏导通常源于村寨及其周边遇到的典型事件，而家长担心此类事件可能会在孩子身上发生而开展说理疏导活动，也可能是年轻者已做错了事，长辈为避免事件扩大而开展生活教育活动。

村民 ZX：我是家里的姑娘，父母亲那时候有重男轻女的思想，但父母亲从来没打过我，这也是我们这里教育女孩子的方式。记得有一年夏天，我们几个女孩子去割草就在小河里偷偷游泳，我们这里姑娘是不允许游泳的。游泳的事情很快传到父母那里。回到家，我妈妈给我说了半个晚上，大概是说姑娘要有个姑娘的样子，不能下河游泳，别人看到了说是没家教，家长没有教育好姑娘，姑娘的名誉也会变得不好，以后不好找人家，甚至还会影响整个家族的声誉。后来，我再也没有下河游泳，在我们寨里，基本上女孩子都不会游泳，男孩子都会游泳。

笔者在这里不讨论女孩游泳的是非问题，但当地人的确认为女孩子游泳是不道德的行为，导致当地的女孩子几乎都不会游泳。假设我们认同游泳是不道德的行为，那么家长针对女孩子的教育的确起到了实际效果，及时制止了孩子"不道德"行为的发生，维护了当地人制定的女性不能游泳的道德规范。

第三是预防性说理疏导。预防性说理疏导的目的是防，即防患于未然。预防性说理疏导着眼于未来，其主要目的是防止某人犯错误，而提前对其进行教育。它产生的假设前提是：如果不有针对性地加强说理与疏导，说理疏导对象则可能会犯错误。因此预防性说理疏导具有明显的未来性特征。

村民 CM：那个时候不像现在社会这么文明，我们小时候经常打架，有一年正月初一我们到学校去打篮球，有人把我们篮球抢走。回到家，我们几个伙伴准备了刀与枪，计划找机会伏击几个抢球的接近成年的大孩子。那次是计划要么直接打死要么就是打残，否则这伙人还会继续欺负我们和其他人。这件事很快就传到了父母亲和寨上长辈那里。他们赶紧把我们喊来，教育我们，说我们寨子祖辈传下来都是文明寨子，我们这种行为是不文明的。以后也不能做这种事，球抢走了就抢走了，大不了不打球。又给我们说苍蝇不叮无缝的蛋，肯定我们也有些行为不合时宜，让人看不惯，最后这次报复行动被制止。

从 CM 的故事可知，损害可能即将发生，但因发现较早，寨子里的长辈采用说理疏导的形式及时制止了该事件的发生，也避免了造成更大的损失。从道德教育的视角看，这次说理疏导的行为本身属于道德教育的范畴。在这里长辈们并未采用粗暴的方式制止，因为粗暴地制止可能会产生更为严重的后果，这也说明当地人具有符合地方特点的道德教育智慧。

当其他村寨出现不道德行为时，年长者会尽快把新出现的案例用于教育自己的子女，以防这类事件在自家人身上重演。20世纪80年代人们经常用于教育女孩的例子就是女该BR跟人私奔的事件。大致事情是这样的，女孩BR通过媒妁之言与附近寨子的男孩DF已定亲，但男方家庭条件在当时比较普通，甚至比较穷。BR赶场遇到了距离寨子100余千米的男子SY，通过几次接触后便与人私奔。据说SY家很穷且SY很懒惰，住的是茅草房，饭都吃不饱，并且SY还常殴打BR。后来BR自己出逃，没法生活的时候，卖掉自己的孩子，自己又被人卖到山东农村。这个案例事实上是在教育女孩的婚姻选择要按照传统风俗，经媒妁之言，按正式婚俗进行，不能私自处理。如果不遵循传统的风俗私自处理，可能会遭到BR式的婚姻悲剧。从道德的视角看，此案例的道德价值在于以其真实性告诫女孩子要按照L村寨传统的道德规范规约自己，做个听话的有素养的女孩子。又如20世纪80年代YZY团伙的偷盗事件，该团伙纠集10余人常年在周边村寨偷鸡、偷牛和偷其他值钱的物品，甚至连其干爹的牛都不放过，因此年长者在教育年轻者时通常以此团伙的行为作为案例。

三、惩罚矫正

惩罚是生活中较为常见的道德教育类型，凡违反道德规范的人都会受到惩罚。惩罚是事后的补救性道德教育形式，惩罚的目的明确，当然产生的效果也较为明显，因此当地人在道德教育中比较习惯于惩罚，因惩罚不仅能教育当事人，也能达到以儆效尤的效果。在此意义上，惩罚不是目的，目的是矫正被惩罚者的思想与行为，避免其再犯同样的错误。根据犯错的性质与对象，惩罚矫正的方式也存在差异。通过对当地道德教育中惩罚方式的归纳发现，道德传承的惩罚矫正主要包括辱骂、体罚与经济惩罚三种类型。接下来，笔者主要从这三方面对惩罚与矫正展开阐述。

第一是辱骂。俗称"嚼人"，辱骂是当地重要的道德教育方式，因此20世纪八九十年代经常能听到辱骂。并非所有的骂人都属于道德教育的范畴，骂人分为正骂与乱骂（乱嚼），如果是正常的骂人则具有教育效果，如果是乱骂则道德教育效果会很差，虽然也会给犯错者以道德警示。原因在于乱骂容易导致人们对其行为进行抵制，因为乱骂本身是不道德的行为。骂人通常分为家骂、"骂花鸡公"和对骂三种形式。家骂指父母对犯错误的孩子进行辱骂，或者长辈对犯错的晚辈进行辱骂，这种骂属于教育性较强的骂，目的是教育犯错者好好做人。"骂花鸡公"也被称为"嚼朝天娘"，骂的对象不清楚，通过骂警醒犯错者或其他人不要再犯同样的错误，否则要遭天谴。当地最为常见的是当财物、树木与庄稼被他人毁坏，但不清楚是谁毁坏的情况下，妇女会站在声音能传远的地方对着山水骂，骂到祖宗三代，骂的内容通常都比较难听。据说每个寨子都有几个人经常"骂花鸡公"，有时候长时间没有听到她们"骂花鸡公"好像还不太习惯。对骂是双方发生口角，并且都不退让的情况下而产生的情况，尽管有时候骂得也难听，但其中还有说理的成分，目的是让对方承认错误。由于篇幅有限，笔者在这里只列举家骂的例子。

村民TG：小时候我们经常被父母骂，那个时候对父母的骂我感到非常气愤。被骂的情况主要有两种。一种是因父母认为我在家里做错事而骂，如与弟弟妹妹吵架或打架，或者把家里的东西偷出去给他人，都会被骂，甚至会被打。比如有一次过春节，我和弟弟争鞭炮，弟弟哭了，大年初一我都被骂了一顿。要不是因为是大年初一，我肯定会被打。另外，只要有人找上门说我们在外面"害人"（做坏事）了，父母不分青红皂白也会骂一顿，骂完后还要给对方赔礼道歉。其实有时候也不是我"害人"，是别人做的事，但由于对方没找到，就猜测是我。但是父母不管三七二十一，先骂我一顿再和对方说理。我现在想起来父母这种做法不合适，但是从他们的角度可能也是希望我在外面不做坏事，做个听话懂事的孩子。不仅是我家，那个时候寨子里所有的父母好像都是这样教育孩子的，如果不骂不打，别人会说家长"护短"（护犊子），家长也不希望听到这样的话。

TG叙述的这种情况的确在当地较为常见，是人们常用的道德教育方式，事实上骂的目的就三个。一是希望孩子以后成为好人，勤劳俭朴，不去害人。二是希望树立良好家风的形象，因为家风不好被视为名誉不好，其他人在与其交往过程中都会小心翼翼，甚至子女的婚姻都会受到影响。三是体现公正性。如果不骂孩子，别人会觉得家长护短且自私，其他家长会教育孩子不要和这种家庭的孩子接触，否则这种不良道德品质会影响自己的孩子。

第二是体罚。"棍棒底下出孝子"是当地人认为有效的道德教育方式，他们认为体罚能归顺孩子的思想和行为，在当地人看来身体上的惩罚是最有效的惩罚，目的是通过惩罚矫正被惩罚者的错误行为。笔者从当地人骂人的语言中也能发现人们对体罚的重视，如人们恐吓他人时常说的是"我肚子整爆你""我脑壳砍破你""我脚手整断你""我眼睛整瞎你"。作为恐吓性的语言，在现实中落实的情况比较少，但在一定程度上也反映出体罚在当地人道德教育中的普遍性。可能由于女孩子比较听话，体罚的对象主要是男孩，通过体罚让被体罚者内心产生"怕"，此后被体罚者再也不会出现同样的道德问题。

村民MB：我经历的体罚教育方式有两种。一种是我们经常打别的小孩子，那时候我家种有花生，当时寨子上很少有人种花生，附近的小孩子经常来偷花生。事后查出是谁偷的，我们放牛的时候就会在山坡上找到偷花生的人，然后打他一顿。偷花生被打的孩子至少有10个，后来这些孩子再也不敢来偷花生。另一种是我经常被家长打。那个时候不懂事，有别人偷我家的东西被我们打，我们无聊的时候也偷别人的东西。小时候我们寨子上有两棵枣子树，每到枣子熟的时候我们都去偷枣子，有一次偷枣子被抓住了，我们被主人抓去锁在屋里关了半天。回家后错过了放牛的时间，被父亲揍了一顿。这件事后我们再也不去偷别人的水果了。

就MB的经历而言，体罚他人和自己被体罚都有规范道德行为的效果，被体罚者后来都少犯同样的错误，此外体罚还能达到以儆效尤的效果。由此说明在法律执行力度不够的时代，体罚是乡村规约孩子道德行为的重要且有效的方式。

第三是经济惩罚。经济处罚并非罚款，并且村民也没有罚款的权限，因此我们这里所讨论的经济处罚不是钱，而是其他经济形式。前面我们谈到当地自然环境条件恶劣导致通过农业种植获得食物等生活资料的过程极为艰辛，相应地村民生活也较为艰难。因当地人视粮食等生存必需品为生命，因此把粮食作为经济惩罚的重要手段，这在当地具有重要的警示教育效果。笔者通过对当地经济惩罚方式的梳理发现，主要有赔偿、归还与请众人吃饭三种形式。此类行为按照法律条文有违法的嫌疑，尽管这种带有违法性质的行为现在已很少见，但历史上这种情况较为普遍。

笔者先讨论赔偿在道德教育中的运用，回到当地现实的生产生活环境中，凡是需要赔偿的行为都与人的行为相关，只有人的不当行为才会造成他人的经济损失，因此需要赔偿。赔偿可以给损坏者教训，给他人以警示，也间接提升人们的道德素养。需要赔偿的情况包括损坏借的东西、牛羊吃他人庄稼或人为损坏他人财物。借别人的东西，在使用过程中损坏以后，必须赔偿，这不仅是道德问题，更多是对不爱惜他人物品的惩罚。牛羊吃他人的庄稼必须赔偿，牛羊都是人看着的，既然看不住，那人就得承担赔偿责任，这包含着尊重他人劳动成果的道德品质。其他财物的赔偿都遵循同样的逻辑，这里便不再赘述。总而言之，损害他人财物的行为只要属于人为活动或者与人有直接关联的活动，就必须赔偿，无论这种行为是有意的还是无意的。

除借别人的东西需归还以外，当地还存在基于毁坏婚约的归还行为，俗称"算账"。男女双方婚约，如女方提出毁约，那么男方则会请人前去"算账"，算清以后女方赔偿男方的财物。按照传统的风俗，当地人经常都会订娃娃亲。自订娃娃亲开始，男女双方两个家族就算建立了"准"姻亲关系，不仅双方的"事务"（酒席）需要相互来往，过节的时候男孩还会背着自己父母做的好吃的食物、送女孩的衣服或其他茶食①前往女孩子家表达敬意，此外农忙时节男孩子及其家人还需前去女孩家帮助干活。女方的回礼通常就是给男孩一双自制布鞋与自制鞋垫等。通过多年的积累，女孩家会欠男孩家很多钱与情。如果女方悔婚，男方则要求女方归还从开始结为亲家到悔婚时男方付出的人、财与物。悔婚被认为是不道德的行为，所以女方需要为自己不守婚约的行为付出代价。男方如果悔婚就不会承担赔偿责任，因为男方本身在婚约中属于付出方。如果男方在女方年龄超过 20 岁后悔婚，人们也会认为这是不道德的行为，女方家族也会找男方"扯皮"。在传统的土家族社会，20岁仍未结婚的女孩属于大龄女性，要想嫁到好人家相对比较困难。男孩

---

① 送给女孩家族的直系亲属的礼品，俗称茶食，主要包括条肪、挂面、白糖、酒等。

年龄偏大比较好找对象，而女孩年龄大了不易找好人家，所以当地人认为如果男方想悔婚应该在女孩年龄偏小的时候悔婚。

因为食物是当地人生存最根本的物质资源，且获取十分艰难，因此对影响面不大的行为的经济惩罚是要求犯错者"提酒壶认错"，即备好酒菜向他人道歉。笔者调查发现当地较为典型的基于传统道德规范的经济处罚是"办台子"，办台子的理由是某人触犯了集体的经济利益或影响到集体的声誉，而采用这种办法对其进行惩罚，以免其再犯，同时也给他人以警示。如谁破坏了村寨风水要被办台子，谁家女孩干了有伤风化的事，族人要为其办台子。办台子的具体做法为被惩罚的家庭要杀猪或宰羊，按照办酒席的标准宴请族人或寨子上的人吃两餐，以示对其不符合道德规范的行为的处罚。如 1990 年 WX 的女儿与人私奔，家族成员义愤填膺，惩罚这种不道德行为。女孩家为此付出了杀猪摆酒请家族成员吃两顿饭的代价，且每户已婚家庭按照正常出嫁的标准送条肪 1 块，面条 500 克，在此过程中家族成员则不会送礼给 WX。20 世纪 90 年代受改革开放的影响，很多女孩子外出打工自由恋爱甚至未婚生子的现象在农村地区开始出现，这次办台子对当地的部分女孩子有警示作用。尽管当地未婚先孕和与人私奔现在已普遍，人们也习惯女孩的这种婚姻方式，但是这种行为在 20 世纪八九十年代被当地人视为不道德的行为。

四、环境熏陶

环境熏陶指道德教育无处不在，个体在此环境中生活，在潜移默化的过程中接受道德教育，并逐渐成长为具有特定社会所要求的道德规范的人。就文化视角而言，任何社会环境中都存在某种道德教育，生活于其中的个体受到这种氛围的影响，言行举止都会被烙上道德文化的印记。道德本身属于社会环境的重要构成要素，它与文化要素融合影响着个体的行为。L村寨的道德与生产生活密切相关，道德观念时时处处都在以潜移默化或正式的形式指导着个体的行动。例如，孩子到婚礼现场会受到婚俗道德的影响，到死亡礼的现场会受到忠孝思想的影响，参与娱乐活动也会受到娱乐活动中蕴含的道德思想的影响。因此，环境熏陶是L村寨重要的生活道德教育方式。环境熏陶式道德教育活动尽管没有明确的主体与受体，但是人们通过不断参与相关的带有道德性质的活动，在活动中逐渐接受并认同了相应的道德规范，成长为当地人认为道德品质合格的人。

就生产生活与道德的关联而言，当地人开展的是有德行的生产活动，过的是有德行的生活。就道德性生产活动而言，正如在道德习俗中所讨论的，当地人的耕作活动、林业活动、牧割活动、渔猎活动以及职业工作中都蕴含着丰富的道德元素，人们在生产活动中不仅养成了良好的生态文明观，互帮互助、尽职尽责和相互尊重等道德观也得到有效践行。小孩子通过参与生产劳动不仅习得生产知识与技术，也在习得与生产活动相关的道德规范。就敬神灵活动而言，常规敬神灵活动和专业敬神灵活动都蕴含着道德元素，人们把神灵拟人化并赋予其具有超越活人的力量，因此与神灵的交往活动甚至比与人的交往活动更为虔诚和隆重。在与神灵交往的活动中，人们忠孝、自我克制和谨慎等道德品质得到践行。人生礼俗是人们从生到死的整个历程中的典型习俗，每个村民自己必须经历的同时也在不断参与他人的人生礼俗，在不断的人生礼俗经历和参与过程中，个体的人生观、价值观和世界观都在不断变化，且随着年龄的增长这种变化愈发明显。年轻者在参与他人人生礼俗的活动中不仅逐步学会了道德习俗，同时自己也会在将来践行相关的道德习俗，并且在为人父母后还会指导子女或村寨中的年轻人践行相关的道德习俗。休闲娱乐属于集体性活动，男女老少都会到现场观看甚至是参与表演或演唱，如花灯中的道德习俗为表演者所内化，同时花灯歌词中蕴含的道德思想也在村民中广泛传播。耍狮子和唱山歌同样也对参与者进行道德熏陶。

除生产活动、敬神灵活动、人生礼俗活动和休闲娱乐活动等为村寨人营造良好的道德氛围外，人们在日常的子女教育中也非常重视子女对同伴的选择，因为道德高尚且积极向上的同伴会树立良好的道德榜样，营造良好的道德氛围。反映当地人关于个人道德品质与同伴选择关系的话有：跟好人学好调，跟坏人学强盗；强盗无种，就怕三拱四拱。人们在孩子的教育中很重视同伴的选择，家长经常描述的是跟谁要被"伙坏"，或者说谁被谁"伙坏"了。"伙坏"指孩子处于不良的环境中，与坏孩子成为伙伴，最终孩子也会变坏。从教育的视角看，"伙坏"本身被视为不良环境对人道德行为的影响，反之好的环境则会促进人形成好的品德。当地人教育孩子注意择友的典型案例是20世纪80年代严打中被打掉的以YZY为首的偷盗团伙。YZY从小被娇生惯养，据说9岁时一棍子差点把其父亲打死，上中学后属于典型的调皮捣乱的学生，中学毕业后赋闲在家纠集几个人开始偷抢，并形成恶势力团伙，90年代初被一网打尽。事实上这伙人中间有半数人的家庭条件在当地属于偏好的类型，他们聚集起来可能是为了获得更多的关注，让别人惧怕他们。其中有几个人本身属于交友不善而被带入该团伙的。因此20世纪90年代家长们经常用此案例来教育孩子要注意交友。

五、自我提升

自我提升指个体为让自己的言行举止符合道德要求，不断自我尝试、反思与调节，以提升自己道德素养的方法。在没有体系化道德教育

第五章 传统道德的传习机理

的乡村，道德的习得都是零碎的，个体要结合自身的实际采用自我修炼的方式提升自己的道德素养，这样道德才能被个体内化。自我修炼需要内心深处有道德的自觉，这种自觉指个体具有自我提升道德素养，成为优秀道德楷模的动力。笔者发现，人们都有想成为受人敬重的道德楷模的愿望，这种愿望为自我修养的提升奠定了基础。人们常说的一句话"人人都想梳个光光头"，意思是谁都想让自己过得很体面，当然其中也蕴含着想过上体面生活很不容易的意思。故事传说、说理疏导、惩罚矫正与环境熏陶都是通过外力促成个体良好道德品质的习得与生成，而个体的自我提升是源自个体内部的重要的道德习得与生成方式，只有这样外在的道德观念与规范才能内化为个体自身所有。通过对当地道德自我提升的考究，笔者认为L村寨的道德自我提升方式主要包括借鉴反思、处罚改变以及模仿楷模三种形式。

借鉴反思指在道德习得过程中首先借鉴他人正面的或反面的道德行为，然后再反思自己的道德行为，从而提升自己道德修养的方法。当地传统的社会生活性道德教育都是在生活中进行的，因此很多时候即使长辈已明确说清某类行为是不道德的行为，但孩子仍旧可能把相应的规约当作耳边风，没有内化为己有。然而如果现实生活中出现类似的道德事件，并且当事人受到了表扬或处罚，孩子可能从此事件得到启发，从而反思自己的认识与行为，这个过程是道德内化过程。如村民DJ回忆小时候母亲经常吓唬他如果糟蹋食物会被雷打，开始的时候也没放在心上，大概7岁多的时候，据说寨子上的MX因长期浪费食物，在灶台上舀饭时被雷劈倒在地上了，尽管没出什么大问题，但DJ担心自己浪费食物也可能会被雷劈，所以不敢再浪费食物。

处罚改变指自己在生产生活中违反道德规范而遭到相应的处罚，随后吸取教训，不再犯同样的错误，且在以后的生产生活中不断反思自己的其他行为，做道德高尚的人。现实中这种情况较多，如我们前面呈现过的 MB 等几个孩子偷枣子的事例就属于此种类型，因为违反道德原则去偷别人的枣子，最后被抓起来处罚。尽管人们认为偷水果不属于偷盗，但也是不允许的。后来与枣子的主人交谈发现，当时并非为偷枣子关他们，而是枣树下是别人的稻田，偷枣子是小事，把别人的稻谷踩坏了主人就会来找他麻烦，因此不得不通过这种方式吓唬孩子们。

模仿楷模指人在生产生活实践中受到某道德楷模的影响，进行自我模仿和提升的行为。传统的村寨因与外界交流较少，来自外界的道德楷模很难影响到 L 村寨人的道德思想与行为，因此寨子上德高望重的人会成为人们的道德楷模，这些人希望某天自己也能成为德高望重之人而受到别人的尊重。

村民 SJ：我家祖辈是寨子上的望族，在周边村寨都有些影响力，到我们这代就有点衰败了，我家兄弟多，小时候谁家兄弟多就有话语权，因为拳头说话比较算数。尽管有点话语权，但我们还是希望能以德服人，得到村寨人发自内心的尊重。小时候，我们在内心深处把自己当成未来村寨中最德高望重的那位领头人，所以经常主动到此类人家中拜访，说话做事都在模仿他们，把自己当成德高望重的样子，有时候在外面遇到一些事，还主动站出来试图采用公平的方式来处理。所以小时候很多人都说我们"冲行式"。"冲行式"意思是本来轮不到自己发言或者说自己本身无能力，但为了显示自己的水平，积极主动地去帮人处理事情。

德高望重的人事实上除具有话语权外，还会得到来自人们内心深处的尊重，因此在农忙时节或者家里遇到什么事的时候，寨民们都会不请自来，主动帮助其做事。由于其德高望重具有号召力，在与其他村寨交流的过程中他能代表村寨，上级传达某些政策或者处理村寨的某些纠纷也会找其出面。相应地，由于其对外交流的机会较多，其可能获得的社会资源也比其他人多。笔者认为这些都是促使当地人尽力树立自己良好道德形象的原因。

第二节 传统道德的作用机理

讨论道德离不开对法律的讨论，法律通常采用强制手段对违法者的思想和行为进行矫正使其变成好人，道德则更多是采用柔性手段引导和规约人的思想和行为。两者的目的都是促进社会的有效运行。道德作为柔性规范在民族乡村的运行机理到底为何，它在传统社会中是如何发挥作用并被人们主动遵循是接下来笔者要探讨的问题，因为对这些问题的探讨有助于更好地讨论民族乡村在传统道德失范后如何结合实际更好地建设现代道德体系。

一、资源与安全促成道德

（一）资源促成道德

笔者在前面的内容中已讨论过，L村寨位于三面面山、一面面河的山谷中，山高坡陡，土地贫瘠，石漠化较为严重，尤其是经历了20世纪80年代末寨民自发大面积开垦荒山后，当地的自然生态环境破坏更为严重，相应地，资源也更加贫瘠。按照当地人所言，如果人们都在家里务农不外出打工，估计当地的饥荒现象会成为常态。无论是荒山的开垦还是外出务工，根本目的都是寻求更多的生活资源，在此意义上生活资源是当地人曾经和现在都非常重视的生活要素。因为资源的重要，所以资源成为促成人们自觉遵守道德规范的基本要素，其逻辑关系表现为：遵守道德规范则能获得更多的生活资源，违反道德规范则会失去生活资源。

人与土地发生关系是因为能从土地中刨出对于人们生存最为重要的粮食，为了子子孙孙都能在有限的土地上生存下去，人们必须向土地进行无休止的索取，但是无休止的索取可能导致土地的可持续性生产能力减弱，因此人们在向土地索要粮食的同时也学会了对土地的呵护，确保土地的可持续发展能力。基于呵护的需要，人们逐渐探索并形成了驯化土地的道德规范，即保证土地的可持续发展，不损坏他人的土地。人与树木发生关系是因为树木能为传统的民族村寨提供建房所需的山料，如离开树木人们居住的房屋会回到清朝时期的土墙屋。人们乱砍乱伐木料很可能在短时间内把林木消耗殆尽，相应地也就失去建房所需的木材资源。过度砍伐对当地林木的影响在"大跃进"时期大炼钢时已有教训，因此人们为了获得稳定的木材资源，在驯化林地为己所用的同时也探索出保护林木的道德规范。牧主要指放牛，由于草地本身有限，当地人放牛主要是耕牛，有耕牛才能耕种，而耕牛需要吃大量的草，因此人们开始了对草的保护。割的目的主要是烧柴，传统的L村寨做饭取暖全依靠柴，如果失去柴，按照当地人的说法就是要吃生货，因为土地贫瘠，当地的灌木资源（烧柴用）也极为缺乏，因此人们为了获得生活所需的柴火需要保护灌木林地。渔猎不是当地人的主业，但是适当的渔猎活动能愉悦身心和改善生活，因此人们也具有针对渔猎行为约定俗成的道德规范。从人与自然关系的视角来看，人的生存要向自然要资源，而资源毕竟是有限的，为持续获得资源人们必须遵循约定俗成的人与自然相处的生态道德规范。为了维护人与自然之间的和谐关系，当地人赋予了自然以灵性，如山神、河神、水神、树神和石神等，它们是自然的守护者，如人与自然接触的行为不符合道德规范，就会触怒神灵，自然则不会给予人们预设的物质资源。此外为了获得稳定的资源，人们会主动敬畏神灵，如每年大年初一凌晨鸡叫一遍的时候，当地人会带上香纸到水井去挑水，俗称抢"头水鸡"，以示对水神的敬畏。

资源促成道德主要通过两条路径实现。一是为保证自然环境能提供可持续发展的资源，当地人学会了与自然环境的共处共生与发展，在利用过程中形成了自觉保护环境的生态观。二是依托神灵的力量促进人们遵守道德规范，如风水树、关山、大树、大石头、水源等都被赋予灵性，人们为不遭到神灵的惩罚，在生产生活过程中也自觉对他们进行保护，使其能为人们服务。

（二）安全促成道德

按照马斯洛的需要层次理论，安全属于第二层次的需求，这里讨论的安全主要指生命安全。安全促成道德的逻辑关系为：人们为了身体安全与健康，需要遵守当地的道德规范；如果不遵守道德规范，人们的健康与安全会遭到损害。

生命安全主要包括失去生命、伤残和疾病三种类型。在医疗技术落后的时代，失去生命在当地属于正常现象，存活率低导致人们更加珍惜生命，所以害怕失去生命成为人们遵守道德规范的外在约束力。对亲人不忠不孝会遭雷劈，随意浪费粮食也会遭雷劈，向水井里撒尿会遭雷劈，尽管现实中真正因为上述三类不道德行为而遭雷劈的现象不存在。因雷劈会使人失去生命，所以在传统的对雷产生原理没有科学解释的时代，雷通过对人生命的威胁而促成人们遵守道德规范。伤残是任何人都不希望发生在自己及亲属身上的，而当地人把不道德行为与伤残联系起来，从而使得人们害怕伤残而不得不遵守道德规范。诚信是当地人重要的道德品质，如果某人损害他人的利益后不予承认，从而导致争吵升级，在此情形下可能会到大菩萨前砍鸡头赌咒，赌咒条款通常是家人或自己的身体健康，因此如果上升到这种情况，通常无理的一方会妥协。当地人认为凶死的人①的鬼魂会祸害活人，土地菩萨等神灵的尊严受到侵犯也会祸害人，它们通常会让人身患疾病，痛不欲生，因此为减少疾病的痛苦，当地人对此类鬼神也是敬而远之，同时在必要时对其十分尊重。如谁家接新娘子要从土地旁边路过，提前几天带上香纸烛前来祭拜，以示对其尊重，否则可能新娘子路过惊扰到土地神，土地神会惩罚她。又如当地人认为村寨里存在没有人孝敬的孤魂野鬼，如果它们对某户人家不满意，可能会给此户人家带来身体上的伤害，如走路或干活时摔伤身体，为维护好与此类孤魂野鬼的关系，每年春节、七月半和中秋或者喜事丧事期间都会"倒水饭"。尽管基于神灵的道德规范带有迷信色彩，但从道德视角看，这种莫须有的担心害怕也促成了道德习俗的养成与延续。

关于安全促进道德的讨论，除神灵外还有现实生活中不道德行为可能会受到身体上的惩罚，如孩子在外特意辱骂他人，回家后通常会被父母打，情节严重者被辱骂方会找上门讨要说法，家族中的话事人为平息事情可能会代表家族对其进行体罚，这也对不道德行为有一定约束作用。此外传统的 L 村寨，孩子之间打架属于常事，如某个孩子辱骂了某人，对方家庭的孩子可能会寻找机会"报仇雪恨"，打辱骂者，为了避免被打，孩子们可能不会再随意骂人。

安全促成道德主要讨论了两方面的内容。一是借助超自然神灵无所不能、无处不在的神秘力量，如果谁道德败坏则可能遭到神灵的处罚，当地人为避免这种惩罚而遵守道德规范。二是现实中强者对弱者的惩罚，父母、寨子集体和年长的孩子对于违反道德规范的人而言属于强

---

① 当地人认为淹死的、摔死的、被打死的人都属于凶死的人。

者，谁违反道德规范他们会按照约定俗成的方式对其进行身体惩罚，为逃避来自现实中的可能的惩罚，当地人就得遵循相应的道德规范。

二、舆论与制度促成道德

（一）舆论促成道德

舆论是特定人群在特定的时间段，对发生的他们都感兴趣的问题的意见和观点的综合，舆论的特点是流传和讨论，当然讨论过程中存在对相应问题的价值判断，进而就会对问题事件中相关人员的道德品质进行价值判断。社会上对此问题关注的人越多，舆论的影响力越大，相关人员受到的影响也就越大。舆论的力量很强大，甚至可以置人于死地，人们常说的"唾沫可以淹死人"说的就是这个道理。舆论促成道德的内在逻辑关系表现为：舆论可以集体赞颂道德高尚的人，从而引导道德高尚者或者其他人继续按照高标准的道德要求行事；舆论可以贬损道德败坏的人，从而迫使其在当地得不到群体认可，同时其道德败坏的案例会被他人作为教训予以传播。为了维护自己道德高尚的形象或避免成为口诛笔伐的道德败类，人们会遵守道德规范。

笔者在前面已讨论过，环境熏陶和故事传说是有效的道德传承方式，两者都是以潜移默化的方式影响着民族成员的思想和行为。从环境熏陶的视角看，舆论本身就是制造一种大多数人认同的道德约束或引导环境，处于此环境中的个体受到舆论的影响而不得不认同相应的道德规范。就故事传说而言，现实中存在且在流传的故事本身属于舆论讨论的范畴，即使此故事不是发生在本村，但在信息来源极少的传统社会，此类故事会在很长一段时间内成为人们茶余饭后的话题。这样的舆论会给村民带来道德压力，村民担心舆论影响不得不遵守道德规范。

笔者在这里列举不忠不孝的例子说明舆论在道德观念形成中的作

用。20世纪90年代，L村寨附近村寨有位80岁的老人MT，其有三个儿子，老人身体健康，80岁还能在稻田里帮儿子干活，但可能年纪大干活不够麻利，偶尔在稻田里被其儿子揍得哭爹喊娘。由于MT属于外来的单姓人家，没有其他宗族成员教育其儿子，尽管存在社会舆论，但是其儿子的行为一直未改。2000年左右，MT快90岁但身体依旧健朗，三个儿子恨其不死就不给他吃的食物，MT没有办法就到邻居家的猪圈里抢猪食吃，不久之后，MT就饿死了。此事件在当地引起了很大的舆论反响，主要矛头指向三个儿子不忠不孝，让其父亲饿死。

也许MT的三个儿子并不在意他人对自己的舆论评价，但是给村民带来道德上的警示。一是MT的三个儿子不孝是不道德的，尤其是老人更关心此悲剧是否会在自己身上重演，因此村寨的老人经常会借此话题提示自己的子女以后要孝敬自己。二是人们认为此事产生的根本原因是MT自己，据说他年轻时脾气暴躁，经常暴打自己的儿子。因此儿子不孝敬他是他自己年轻时种下的恶果，这是在提示家长要善待自己的子女。总体而言，在针对MT事件的舆论上，年轻人认为自己不能成为MT儿子的模样，而年长者也不希望自己变成MT年轻时的模样，并且人们在舆论过程中建立了父母与子女之间的道德制约关系，即年长者要有爱年轻人才有孝。舆论除讨论他人的不良道德行为外，也会对良好的道德行为进行传颂，为当地人树立道德的楷模。如ZY于2014年被检查出癌症，其子女凑了10多万元给其医治，尽管最后无力回天，但这件事在当地的老人看来是孝敬老人的体现，老人们后来也用这个案例教育自己的子女，总说ZY的子女如何好，自己的子女应该向其学习。

舆论为何能促成道德，其实背后还有更深层的逻辑关系，即舆论会影响人的道德形象，道德形象不好则得不到人们的认同，相应地，人的社会交往会受到严重影响。因为人都不愿意和道德败坏的人打交道，在

L村寨这样需要左邻右舍帮助才能生活的地方，被孤立会让人举步维艰，不仅影响自己也影响下一代。舆论也会促成良好道德形象的树立，良好的道德形象会获得更多的社会交往机遇，当然也会获得更多的社会资源，相应地，良好的道德形象也会得到强化。

（二）制度促成道德

制是用于限制人思维和行为的工具，度是对限制人的思维和行为的程度的描述，制度即社会认可且成员共同遵守的规范，规定着哪些行为属于合理合法，哪些属于不合理不合法，合理与不合理的程度如何界定，违反规定者应该接受何种处罚等。法律规章是成文的制度，具有专门的机构监督执行。在传统的民族社区，其主要制度是成文的乡规民约，其对本乡范围内人的思想和行为有明确的规定，其执行者是族长或村寨中其他德高望重的人。在部分民族村寨由于人们的文化基础差，加上村寨本身小，尚未制定成文的乡规民约来规约人们的道德行为，但这并不代表此类民族村寨没有制度，事实上他们有真正获得寨民认同的不成文的道德制度，或者说约定俗成的道德规范。人从出生开始便自觉与不自觉地内化村寨的道德制度，在实践中践行道德制度，成人后指导年轻者学习并遵守道德制度。人人都有良好的道德自律能力是人们追求的道德教育目标，然而，人性中总是存在动物的私性，再说不能指望人人都能自觉成为道德楷模，因此必须要建立相应的道德制度，对违反道德者进行相应的处罚，这样道德才能真正成为促进村寨有序运行的手段。L村寨作为土家族的小村寨，没有成文的道德制度，但人们在长期的实践中形成了大家认同的道德制度体系。

基于神灵的道德制度运行逻辑为：神灵是冥冥之中的良好道德维护者，不道德者会遭受神灵的处罚，为避免神灵处罚，人们努力让自己成为良好道德的守护者和践行者。就人神的关系而言，当地人在家中强调要尊敬长辈，在村寨中要尊敬年长者，在职业工作中要尊重并保护雇主的利益，否则会遭到神灵的处罚，如不尊敬长辈可能会遭到雷劈，在职业工作中有意损坏雇主利益者可能会遭到祖师爷神灵的处罚。人们为了避免这种大家认可的神灵的处罚，就得按照道德规范行事。L村寨人认为土地神是最为重要的神，谁不尊重或侮辱土地神就会遭到土地神的处罚，为避免处罚大家不能冒犯他，如真有冒犯土地神的人，其家人必须用实际行动向土地神赎罪，以求得土地神的原谅。20世纪90年代及以前，当地人除夕下午和正月十四下午都要备好香纸、祭品给土地神拜年，希望土地神能保佑家庭来年人畜兴旺平安。20世纪90年代，寨子中的小孩MM因不懂事撒尿淋了土地神龛，其父母知道后赶紧从水井挑水把神龛里里外外清洗一遍，以求得土地神的谅解，后来这件事被村寨人作为教育子女敬畏神灵的案例使用。

基于集体利益的道德制度逻辑为：维护集体利益的行为属于道德行为，损坏集体利益则会遭到集体的惩罚，为避免惩罚，人们也就不去损坏集体利益。如村寨的路，为集体共有，谁破坏了集体的路，村集体会要求其修好，否则集体会找其麻烦。又如水井属于集体的资源，如果修水井时谁家不参与，后期如要来此用水，也会遭到集体的谴责。基于个体利益的赔偿逻辑也是维护当地道德规范的方式，其主要逻辑关系为：损坏他人利益的行为是不道德的行为，需要照价赔偿，为避免赔偿，人们会遵守不损坏他人利益的道德原则。如牛吃他人的庄稼需赔偿，因此放牛者为避免牛吃庄稼情况的出现，就会认真放牛。

尽管当地的道德制度都是不成文的，但作为成长于此环境中的个体，从小就熟知相应的道德制度及其惩戒机制，为避免惩戒，人们从小到大都力争维护道德规范，并按照道德规范思考和做事，维护村寨的良性运行。

三、社会声誉促成道德

关于声誉的研究在经济学领域较为普遍，通常认为通过建立声誉机制来治理不规范的市场经济行为所付出的成本完全低于由政府统筹治理的成本。[①] 尽管声誉的价值在经济学领域得到了肯定，但应该把其置于更广的社会中，因为它是基层社会治理中采用的重要治理手段，能促进社会成员自觉遵守并履行相应的社会规范。因此完善声誉机制，可以促进社会成员自觉遵守道德规范，树立自己的道德形象。通过对L村寨社会声誉的分析发现，当地人最在乎的声誉主要分为家族声誉、个人声誉和职业声誉三类，三类声誉都能有效促进人们内化并践行村寨自身的道德规范。

家族主要包括基于同姓同源的家族和基于同源血亲的家族两类，前者称之为内亲，后者称之为外亲。家族中的每个成员都有维护家族声誉的责任，不仅自己的言行要符合家族的要求，同时也要用自己的言行影响家族的其他成员，督促其他成员一起维护家族的声誉。家族声誉主要分为经济声誉、政治声誉和道德声誉三种类型，道德声誉是此三类声誉的基础，因为道德声誉有助于经济声誉和政治声誉的提升。家族声誉与道德之间的逻辑关系表现为：道德声誉是树立家族声誉的基础，为了家族的声誉，家族成员必须维护当地人认可的道德规范。例如，笔者在乡村道德习俗的传承机理部分所讨论的女孩子与人私奔，族人为其"办台子"就属于维护家族声誉的典型案例，在此案例中家族成员觉得女孩子与人私奔影响了家族的声誉，会让他人觉得自己家族家风不好，道德有问题，影响家族其他女孩子的婚嫁，为维护家族的道德声誉有必要

[①] 高彦彬. 互联网金融对商业银行理财业务的影响及对策研究[M]. 哈尔滨：黑龙江人民出版社，2017：16.

对违反"女孩出嫁应该有接有送"道德原则的女孩父母进行惩罚。此外，家族中的年长者在村寨中也会对家族成员不符合道德规范的行为进行批评与阻止，督促家族成员按照道德规范行事。如20世纪80年代村寨中的女孩子BX赶集剪了个时髦的"上海头"，传统的观点是女孩子必须留长发，BX回到家被其父亲拿着剃刀追着到处跑，喊着要把BX的头发全部剃掉。原因是其父认为剪"上海头"不符合当时人们认同的道德规范，会影响其家族声誉。总而言之，为维护家族声誉整个家族的成员都会督促他者注意道德形象，力争取得社会认可。

个人声誉指个体在群体心目中的形象，按照现代的说法也称之为口碑。个体的口碑好则能获得更多的社会认可，相应地，个体的婚配可能更理想，经济地位、社会地位等可能会更高。总而言之，个人声誉会给个人带来系列的好处，因此人们都很在乎个人声誉。个人声誉与道德之间的关系表现为：良好的道德品质能提升个人声誉，个人声誉提升能让其获得更多的社会认可，获得更多的社会资源。如当地曾经臭名昭著的偷抢罪犯ZY，其实大家都知道他是强盗，在其被公安机关挂牌追捕后，当地小学校长在大会上用其作为负面案例教育学生，此人知道后直接跑去校长家中抢走了当时价值不菲的录音机，且还扬言要求校长去乌江河挑水把"污蔑"他的污点洗干净。我们从这可知，一个名副其实的犯罪分子都还想树立自己的光辉形象，可想而知其他人对此也十分在意。又如当前的村干部正在成为部分人追捧的工作，原因在于村干部不仅具有相较村民而言更高的社会地位，也能获得更多的隐性社会资源，但道德声誉是村干部选拔的重要衡量指标，所以为有好的社会声誉，村干部及有意愿的竞选者非常注重树立自己的道德形象。

职业声誉指具有专业技术者在当地的口碑，良好的职业口碑有助于职业者拓展自己的业务范围，获得更多的经济收益，因此专业的职业人员都很注重自己的声誉。良好职业声誉主要由精湛的专业技术和善良的品质支撑，因此为获得良好的职业声誉，匠人和先生等专业人员会努力学好自己的技术，同时在工作过程中还能精益求精，尽力做到不损人。这样他们在当地获得的认可就会越高，请他们干活的人会越多，其收益越多。因为其掌握专门手艺和道德高尚，左邻右舍会经常主动帮其干活，这也是职业声誉带来的益处。从经济的视角而言，良好的职业声誉能带来更多的社会资源，为了获得更多的社会资源，相关从业者必然会提升自己的职业道德，做好自己的本职工作。

四、学校教育促成道德

主动学习主流社会文化并在村寨传播主流文化是先辈们非常重视的学习活动，主流文化的掌握者首先具有较为深厚的儒家文化功底，对乡村各种应用文本的书写自然也是轻车熟路，因此他们在村寨中具有崇高的地位，如帮人写对联，红白喜事帮人记礼簿等。总而言之，此类人在传统的土家族社会是人们所尊崇的对象，原因在于他们的工作有不可替代性。因为能受到尊重，所以外出学习主流文化时会更加努力。尤其是在民国及之前，学校教育内容中儒家的道德伦理占有很大的比重，也是外出学习者学习的重要内容，因此当其从学校回到村寨后，就把自己所学的儒家道德伦理纲常等在村寨中传播，笔者认为这是儒家伦理纲常在L村寨扎根并成为主导性道德规范的重要原因。在传统的社会中，女性是不能进入学校学习的，据考证村寨中最早接受学校教育的女性是BS，其进入学校学习是在1940年左右，由此可推知儒家文化主要由男性率先学习和推广。由于村寨本身有其特殊性，因此在儒家伦理道德推广过程中结合村寨实际进行了细化，从而形成了后来的具有L村寨特点的伦理道德体系。因此笔者认为，儒家伦理纲常是L村寨道德的主要基础和源泉。

中华人民共和国成立后,我国建立了集体所有制经济基础,为让中国共产党的执政理念能尽快被民族群众所接受,这期间开办了农民夜校和普通学校两种学校教育形式,夜校主要针对成年人,学校教育主要针对未成年人,男性和女性在此期间都有机会接受教育。道德教育的主要目的是破旧立新,推行基于集体所有制的毫不利己、专门利人、大公无私,为集体利益宁愿牺牲一切的道德品质。[①] 改革开放后,我国从计划经济转向计划与市场相结合的经济模式,邓小平同志提出贫穷不是社会主义的论断和共同富裕的美好愿景,他还认为:"革命精神是非常宝贵的,没有革命精神就没有革命行动。但是,革命是在物质利益的基础上产生的,如果只讲牺牲精神,不讲物质利益,那就是唯心论。"[②] 此期间基于互利共赢的道德思想在村寨中逐步得到推行。同时学校教育提升了村民的科学认识,传统的基于神灵的系列道德信仰在此期间也逐步受到挑战并逐步被消解。

从学校教育与乡村道德的生成关系来看,学校教育从主流文化的视角为村民树立了跳出农门的理想,为实现这一理想人们主动学习主流的道德观念,从而开始否定曾经的已经过时的道德规范,以实现学校对乡村道德的改进。尤其是当20世纪80年代村寨中有人首次考上师范学校并当上老师后,人们对子女接受学校教育的重视程度提高,相应地,学校传播的主流道德观念在村寨中受到的重视程度也越高,这也促进乡村传统道德体系的瓦解。在现代社会接受学校教育的人能在社会上更好地谋生,人们为走出村寨去谋取更好的生活,也乐于学习主流文化与先进

---

① 鲁芳. 新中国成立以来的社会变迁与道德生活之变化 [J]. 湖南师范大学社会科学学报, 2009, 38 (05): 21-24.
② 邓小平. 邓小平文选: 第二卷 [M]. 北京: 人民出版社, 1994: 146.

的道德价值观念，以此推动乡村道德的改进。如20世纪60年代以来，学校教育中大力宣扬崇尚科学、反对迷信的观念，从儿童时期就开始教育其反对传统的、禁锢思想的道德"枷锁"，因此村寨中传统的，曾经被视为非常有效的道德习俗逐步遭到否定。

综上所述，资源和安全、舆论和制度、社会声誉和学校教育都是促进道德传承的重要手段，就L村寨传统的道德体系而言，资源和安全是促进人们接受并传承道德的根本因素，资源能让物质资源本身匮乏的L村寨人生活得更好，安全能让人免除身体的痛苦。舆论和制度、社会声誉以及学校教育都是为资源和安全服务的，因此笔者认为在L村寨道德作用逻辑中，列在首位的道德制约因素是资源和安全，其次是才是舆论和制度以及社会声誉和学校教育。四种因素主要从两个维度促进了村寨自身道德的形成。一是通过激励和引导，即把利益与道德有机结合，让利益成为重要道德行为习惯养成的促进要素。二是否定和制止，即对不符合生产生活实际需要的道德行为进行否定甚至是禁止，以此促成人们遵循道德习惯。

第六章　传统道德的现代境遇

笔者已讨论过 L 村寨传统道德产生的基础，包括人性基础、自然基础、神灵基础与社会基础，道德的功能是协调与维护人与自然、神灵以及社会之间的关系，因此道德与当地人的生产生活、祭祀、人生礼仪以及休闲娱乐等活动深度融合，成为当地生产生活习俗的构成部分。在上一章，笔者分析了道德的传承方式及作用机理，从根本上厘清了当地人为何要遵循此类道德习俗的内在逻辑。

道德本身属于公德，人们遵守公共道德是为了在特定的社会条件下满足自己生存和发展的需求，同时也能满足群体中他人生存和发展的需求。道德积累与人的身体健康、资源获得存在正相关关系，身体健康是所有人最根本的需求，资源是人生存和发展的需求，尤其是在封闭的传统社会，在有限的资源供给情况下，人们对资源和身体健康看得更为重要。然而随着社会的变迁，L 村寨从传统的、封闭的、自给自足的农耕经济模式走向了开放，基于农耕文明的道德体系也逐渐消解，使得传统道德对现代人思想的制约减少，同时新的道德体系尚未健全和完善，以至影响到村寨的良性运行。本章主要讨论传统道德面临的现实境遇及其成因，为下一章讨论基于乡村振兴和乡村治理能力提升的现代道德体系建设奠定基础。

第一节 传统道德式微的表征

传统道德尽管没有采用现代的学理性思维精心设计,但是历经祖先的总结、凝练与实践,已被证实在传统的自给自足的农耕村寨中是有效的。L村寨乘着改革开放的东风从封闭走向开放后,传统的基于自给自足的农耕文明产生的道德必然会受到挑战,传统的道德在村寨中的价值和作用逐步遭到质疑和抛弃。具体而言,L村寨传统道德的现代传习困境主要呈现出下列特征。

一、道德关系逐渐松弛

人与人之间的关系包括经济关系、政治关系、文化教育关系等,这三类关系是人类社会最基本的关系。道德关系作为人类社会发展过程中重要的关系,其独立性较前述的三种关系要差,更多依附于其他社会关系,为其他社会关系发展提供方向与指南。道德关系的松弛主要指基于生存和发展需求而依照道德逻辑紧密联系的关系在现实中愈发不受到重视,或者说传统道德的重要性正在降低。L村寨传统道德关系自20世纪即开始松弛,随着村寨对外交流的增多以及外来文化的冲击强度增大,传统的道德关系松弛状态基本达到峰值。

(一)人与自然道德关系的松弛

人与自然关系的核心是物质利益关系,即人需要从自然界获得物质生产生活资料,而恶劣的自然环境导致资源并非取之不尽,因此人们在向自然索取的同时需要遵循相应的道德原则,否则自然难以持续提供人们生存所需的生产生活资料。可以这样理解,L村寨人与自然的关系本质上可表述为人对自然的"驯化",驯化的目的是让自然为我所用,就像人们喂牲畜和家禽一样既要利用,同时也要精心保护。由于自然与人能否存活有直接关联,因此人与自然的道德关系极为紧密。在此意义上笔者认为人与自然的道德关系的松弛主要源于人对自然依赖程度的降低,这其中可能是人们找到了更有效的关于生活物资来源的方式。笔者考察发现,L村寨人与自然关系的松弛主要表现在三方面。

人不再努力适应自然。传统的农耕社会,人努力适应自然的根本原因是人需要从对自然的驯化中获取生存所需的物质资源,因此人在驯化自然的同时也在努力适应自然。人们不再努力适应自然主要表现在四个方面。一是人不需要攀爬悬崖砍柴割草,因为村寨很少见猪牛羊,且已用上电。二是人不需要肩挑背驮重物,因为人们很少种地且已通车。三是由于劳动方式的变化,人们发现现代年轻人的力气完全不如自己的前辈。四是由于人们不再适应自然,祖辈所有的吃苦耐劳、勤劳俭朴的优良道德品质也失去了或正在失去养成和运用的场所。

人不再精心保护自然。因为人对自然的依赖程度很高,保护自然的目的是保护自己。当人们的生活与自然的紧密程度降低后,人对自然的保护也减少,甚至开始破坏自然。如20世纪90年代末的砍古树事件。有三个村寨(TS寨、SB寨与LJ寨)的村民以"抢"的形式相继砍光了寨子边集体所有的千年古柏树,目的是据为己有。还有盛行于同一时期的"毒鱼"事件。传统的L村寨人"闹鱼"是用曲花叶与苦檀子叶加上石灰混合,舂碎以后放到河里,使得河里的鱼往岸边浅水区游,人们就用背篓等篾制工具把鱼舀起来,大约1小时后水会恢复原样,没有被抓的鱼则会游回深水区。20世纪90年代闹鱼变成了毒鱼,人们从市场购买大量的农药或鼠药投放到溪流中,水中生物全被毒死。事实上这是对生态环境的严重破坏。

人征服了自然。当人们保护自然的意愿降低，适应自然能力降低的时候，意味着在与自然的交往中更多是征服自然。2000年以后，政府投物资，村民投劳力修通了进村的公路，这可视为当地人征服自然的重要成果，与之相应的是村民可以不用再步行到村外的集市交易，村民可用汽车运水泥钢材建房子而不再依赖树木，孩子外出求学也可以乘车而不用步行。人征服自然能力的提升弱化了生活中人与自然的关系。2020年以后L村寨陆续用上了自来水，此后村民对水资源的保护减弱。曾经全寨人甚至其他村寨的人都来L村寨的水井挑水，大家水源保护意识较强，自从水井后面山坡上居住的人用上自来水以后，他们便开始把污水、粪便任意排放到水井后面的坡上，导致每遇下大雨，井水都不能饮用。总体而言，人征服自然的同时使得人逐渐疏离自然，传统的基于自然而生的道德关系逐步削弱。

(二) 人与神灵道德关系的松弛

典型的宗教带有政治性，对象是民众而受益者是统治阶级，基督教与佛教在此方面都具有共同性。万物有灵论则与此不同，其信仰主体是生活于特定环境中的群体，信仰的目的是维持人与自然交往的秩序。由于人需要从有限的自然中持续获取生存资源，神灵在人与自然的交往中被视为站在自然与人类的高度监督着人行为的力量。因此当人与自然关系紧密时，人与神灵的关系也相对紧密。人与神灵关系的松弛主要表现在敬仰、祈求以及敬畏三方面，传统的L村寨人对神灵的敬仰、祈求与敬畏都十分虔诚，即使在经济十分困难的时代，人们仍旧不忘敬畏神灵，祈求神灵能帮助自己过上幸福的生活。随着生活条件的改善和科学文化水平的提升，神灵在当地人生产生活中地位逐渐下降，很多敬神灵的活动逐渐消失，如传统的除夕和正月十四日下午前去祭拜大菩萨和小菩萨的习俗目前基本中断。人与神灵道德关系的松弛主要表现在三方面。

敬畏神灵的虔诚程度降低。人敬仰神灵的行为主要表现为人从内心深处对神灵充满恐惧，害怕触怒神灵而让自身遭受损失。由于受教育程度的提升，人们认识到神灵在追求美好生活行动中的价值是有限的，相应地对神灵的虔诚程度也逐渐降低。每年正月十五"打发老祖公"的仪式已渐趋消失或者虔诚程度已减弱，由于现在正月十五青壮年劳动力基本都外出务工，只剩下少量的老年人在家，所以大部分家庭在这个时间段没有打发老祖公。谢土神的仪式仍存在，尽管虔诚程度有所降低，更多是抱着宁愿信其有不愿信其无的心态举办谢土神仪式。在用上自来水前，大年初一家家户户去水井挑水时都要带上香纸，用上自来水后，除少数老年人外几乎没有人去水井旁敬水神。笔者调查发现，现在当地人仍会举行敬神灵仪式，但多数人所持的态度是在不付出更多经济成本的情况下，采用宁愿信其有而不愿信其无的尝试态度。

部分神灵不再受到敬仰。随着人们认识水平的提升，很多传统的被视为有用的神灵已被认为不存在，相应地敬神灵的行为消失。最为典型的是"拜树/石保爷"行为的消失，现代医疗的力量完全战胜了树/石保爷的神秘力量，人们已不再相信它们有保护人身体健康的能力，因此现在的孩子不再拜树/石保爷，即使先前拜过的人也已不再前去祭拜。传统的"寒婆婆神"再也无人敬仰，"寒婆婆神"牌位前不再有草，对"寒婆婆神"的敬仰是通过语言与行动的形式进行的，语言为"寒婆婆，送你一把草，我去得迟，回得早"，敬仰行动为扯一把草放到神位前。通过草的数量可判断人们是否还敬仰她。"送草船"的仪式已很少见，即使偶尔能遇见，人们也总是认为其不过是走过场而已。在20世纪90年代及以前，"送船船"十分普遍，每到年末几乎家家户户都会送"平安船"，平时财运不顺或身体受到伤害还会送"驱凶船"，现在两种送船船的仪式都已很少见。

敬神灵目的是谋取利益。20世纪90年代及以前,当地人对神灵的敬仰是发自内心的认可。从心理学的视角而言,敬神灵活动的益处是缓解信仰者的心理恐惧和释放其心理压力,本身可视为用善意的谎言对信仰者进行心理治疗。从社会交往的视角上,敬神灵活动期间村寨人都会到现场帮忙或看热闹,对于传统休闲娱乐方式单一的村寨而言,也相当于搭建了人们休闲、娱乐和交流的平台。由于敬神灵活动的成本高,虽然人们很虔诚,但传统社会此类活动仍不多见。自21世纪以来,人们赋予神灵活动较强的经济性,它不再是单纯的消灾祈福而是通过此类活动谋取利益。如人生礼仪中的"过关礼"在现代社会中不再是真正意义上的帮助孩子避灾,而成为当地人办酒席收礼钱的借口。传统的L村寨人举行"过关"仪式的目的是帮助孩子消除成长中的灾难,希望孩子平安成长,且不收取任何财物。现代人同样热衷于举办过关礼,目的是借此名义收取礼金,更有甚者子女还为老人举行过关礼。

"寿礼"也成为收取礼金的借口,甚至出现三个儿子为父母分别举办寿礼而收取礼金的情况。20世纪当地人很少举办寿礼,寿礼的主体都是满60岁、70岁或80岁的老人,必须是整十,为当天举办,且举办"冲傩"仪式,来参与寿礼的人主要赠送布匹、衣物,目的是分享高寿带来的幸福喜悦。现代人也热衷于"冲傩",但仪式简化为"念经"甚至无任何仪式,目的是收取礼金。更为严重的是还存在很多不满"整十"或者40岁与50岁也"冲傩"的情况。总体而言,传统的敬神灵是真正意义上的敬神灵,在不收取礼金的情况下敬神灵是亏本的,现代人敬神灵的根本目的是收取礼金。

(三) 人与人道德关系的松弛

传统的L村寨中,人与人之间的交往主要基于"人情","人情"

是个宽泛的概念,既包括人与人的亲情、感情以及在此基础上延伸出来的"人钱"。如借用现代公益活动中的时髦词汇,人情关系本质上相当于基于道德关系的人力、财力和物力的轮流众筹关系。如今年大家众筹帮助某人完成建房意愿,明年可能是帮另外一户人家完成意愿,今年大家众筹帮某人办葬礼,明年大家众筹帮其他人办葬礼。亲情是当地社会构成的重要基础,如果追溯现有人口的"起祖",人与人之间总能找到一些亲情关系。这种亲情关系以血亲为主,也包括内亲、姻亲与干亲。中华人民共和国成立前,村寨人口数量少,人们的亲情关系紧密,相互来往较多。从形式上看,这种来往主要表现在红白喜事、修房造屋以及遇到其他重大事情的情况下,具有亲情关系的家族成员都会"站拢来"。为保持这种基于血缘的亲情关系,女孩的未婚夫在"罕亲"① 过程中也会给家族成员送上礼品,俗称茶食。"吃茶"是划分亲疏的重要依据,得到茶食的主人要请"罕亲"的男孩吃饭。女孩子结婚时,"吃茶"的人必须前来帮忙并且按照风俗把女孩子送到男方家。姻亲关系形成的亲属圈稍微次之,但是他们也要来参加女孩的婚礼,因为女孩婚礼上已给他们预定了茶食。尽管男孩子结婚与修房建屋以及丧事不存在茶食,但是女孩结婚过程中,"吃茶"的人都会到场。干亲即出于孩子成长或其他需要与非近亲人结成的亲情关系,干亲关系通常维持的时间较短,一般维持两代人。亲情关系的松弛主要表现为现代 L 村寨社会亲情关系越来越淡薄。家族内部的"内亲"因居住环境相对较近联系还比较紧密,姻亲通常到第二代、第三代,相互之间的来往越来越少,干亲更是如此。现代女孩的婚俗模式与传统的差异较大,很少有媒妁之言,更没有定娃娃亲的情况,因此基本不存在"罕亲"情况,相应地

---

① 罕亲指女孩与男孩定亲后,男孩在过节时经常去女孩家走动、干活。

维持亲情关系的纽带也减少了。

因经济状况很差，传统的 L 村寨人建房完全依靠村寨人相互的转工（即劳动力众筹）而完成，这样有助于增进人与人之间互帮互助的关系，但现代建房都交给包工头，基于建房的互帮互助的道德观念也逐渐淡薄。传统的 L 村寨人请邻居帮忙干活不需要付钱，可以是相互转工也可以用烟酒肉招待好邻居，此过程强化了人与人之间互帮互助的道德关系，而现代的 L 村寨人通常请人干活需要支付工钱，因此建房过程中人与人之间不再是互助的邻里关系而是雇佣关系。

道德关系是人们在相关道德活动中形成的人与人之间的关系，也是当地人日常生产生活中常见的关系，随着生产方式、交往圈子和劳动工种的变化，人不再局限于村寨方圆几千米范围内活动，而是扩大了活动空间，村民之间基于生产生活和婚姻的相互依赖程度逐渐降低，基于道德交往的德行关系开始渐行渐远，逐渐疏离。

二、道德规范逐渐失效

道德规范失效意味着道德对人思想和行为的约束和指导能力削弱。传统 L 村寨尽管未形成成文的道德规范，也无成文的村规民约，其道德规范并未如现代学校教育那样系统地影响人，但是它以生产生活实践为载体，以耳濡目染的方式影响人的成长，成长于此环境中的人在潜移默化的过程中逐渐内化了约定俗成的道德规范，并指导自身或监督他人的思想与行为。笔者研究发现，L 村寨传统的道德规范正在逐渐失去其对寨民的影响力，青少年儿童认为传统的道德规范已不适合当前社会发展的需要，甚至成长于传统社会的曾经的道德维护者现在也已开始认同年轻人的做法。

（一）基于自然的道德规范逐渐失效

人主动保护自然的道德规范逐渐失效。人与自然的关系是道德起源的基础，为维持人与自然和谐共生的关系，当地人在与自然相处的过程中形成了保护自然、敬畏自然并适应自然的相关观念。此类观念在现实中表现为人在与自然相处过程中的道德行为，包括保护性行为、适应性行为与敬畏性行为。21世纪以来发端于传统社会的规约人与自然关系的道德规范逐渐失效。尽管现代人与自然环境的紧密程度较传统社会而言有所降低，但并不意味着人完全失去了保护自然的道德理念，事实上是部分失去。这主要表现在文化素养较低的村民的行为中。如本研究已阐述的"抢"砍寨子边千年柏树的行为，用农药"毒鱼"的行为都属于人与自然关系失效的表征。调查还发现农业种植中破坏自然环境的现象。尽管L村寨现在种植农作物的人相对较少，但仅有的少量种植活动仍存在破坏自然的现象，其中最为典型的是滥用除草剂。L村寨的生产用地都是梯土梯田，土坎和石坎上每年都会生长大量的野草，人们秋冬时节都要进行除草。传统的除草方式是先让牛羊吃，然后用刀割回家做燃料或直接在地里焚烧，这既可达到除草的目的，还能烧死部分害虫。除草剂的出现让除草变得更为简单，人们不再用刀割草而是直接使用除草剂杀死野草后焚烧，这对原本脆弱的生态环境造成了严重的破坏。调查发现人们用除草剂主要有三种理由。一是省事省力；二是人们认为药量少，很快就会失效；三是人们觉得即使有影响也无所谓，后代都不种地了。

人被动适应自然的道德规范部分失效。当人面对自然的时候，主要有三种行为取向，即保护自然、适应自然与征服自然。保护自然的道德规范部分失效我们已讨论过，接下来我们讨论适应自然的道德规范失效。适应自然本质上是当人的力量无法超过自然力量，通过人力征服自然必然产生灾难性后果的时候，人们才选择向自然妥协并适应自然。适应自然体现的是人类对自然的敬仰与崇敬，或者说臣服，人类的此种行为类似于儒家传统道德思想中的"礼"。鉴于当地自然的力量过于强大致使人们难以征服，臣服于自然已成为人们的习惯。主要表现为逃避自然的凶险或者提升自己的能力以应对自然的凶险。这种被动的适应既表现为心理上的适应也表现为身体上的适应。但就当前而言，人们似乎已不愿在自己的心理与身体上适应自然，在心理上主要表现为战胜困难的信心不足与吃苦耐劳的精神缺乏，在身体上主要表现为身体素质降低，具备健硕身体的人减少而肥胖的村民增多。人们甚至认为即使缺少传统的基于自然而生的吃苦耐劳与不畏艰难的道德品质，也能过得更好。

（二）基于神灵的道德规范逐渐失效

人与自然的道德规范是人与神灵道德规范的基础，当人在与自然的接触过程中遇到突发性灾难或无法逃避的灾难的时候，人也发现自身的力量难以战胜此类灾难，人渴望有超自然的力量帮助自己战胜困难，也渴望获得心灵的安慰。因此人虚构神灵，神灵具有人性但也具有超自然的力量，人只要按照神灵的意志思考与行事，神灵则为人的生存与发展服务。为获得神灵的眷顾与关照，人需要与神灵交往，根据人的虔诚情况，人们虚构神灵会给予人相应的回报，助其获得生存生活必须的东西。为"讨好"神灵，人们建立并践行着基于神灵的道德规范。此类道德规范曾经的确有效地规范着人的思想与行为。传统的L村寨人敬畏神灵是因为他们认为神灵可以操纵人与自然，并且能给人与自然带来实质性的好处，因此他们形成一套敬神规范，此规范事实上即人神交往的规则。敬神规范主要表现为两种形式，即依托专业人士敬神与自主式敬神。无论采用何种方式敬神，都有稳定的人神交往礼仪或规范。然而，这类敬神的规范现在正在失效，主要表现在专业人士敬神与自主式敬神的虔诚程度降低，不虔诚也就意味着相应的道德规范在人身上失去效用。针对这种情况笔者询问过曾经专门主持他人"观花"的GS，为什么现在人们都不"观花"，他的回答是：一是"观花"需要童男童女，还要诚心的童男童女，现在童男童女不好找，再说现代孩子都上学，他们不信观花这种活动，肯定不会参与；二是观花要有人需要才做，现在人都不信神了，也没有人请人观花了。从这里可知基于神灵的道德规范就是心诚则灵。人神交往的道德规范的失效主要表现在两方面。

人们对专业敬神活动不再心诚，导致专业敬神活动的相关规范难以对人产生道德的引导和约束作用。21世纪前，每年秋收结束后，人们的物质生活相对得到改善，有相对充裕的时间与食物开展敬神活动。专业的敬神先生便开始为村民实施专业的敬神工作，此工作断断续续一直持续到春节结束。人们之所以请专业人士敬神，原因是他们认可基于神灵的道德规范，自己或家人已违背了某种道德规范，因此请专业人士助其忏悔。也可能是家庭遭遇某种灾难，神灵可助其消灾。然而现在人们已很少真正相信神灵的力量，相应地也很少请先生为自己举行专业敬神仪式。如送草船、送丧车等活动非常少，过关仪式在沉寂大约10年以后有所恢复，但仍旧很少。专业敬神人士的虔诚程度也在降低。如以前跳傩戏通常是一个晚上，现在则会根据主人的家庭条件决定时间的长短，家庭条件好先生则"忽悠"其延长时间。L村寨有人在外务工意外身亡，家人便请专业敬神人士"想"到底是什么原因，因为有足够的赔偿款，先生给对方想出近十种敬神名目，几天之内从这里获得近五千元的收入。因此现代人看到专业敬神人士打招呼常问的话是："今年生意好不？"当传统的神圣仪式被视为商业活动时，说明基于神灵的道德规范正在失去对普通人与专业敬神人士心理上的规约。

自主式敬神活动的虔诚程度也在逐渐降低，甚至部分自主式的敬神活动已消失。专业敬神是家庭遭遇较大天灾时举行的敬神活动，而自主式敬神是日常的敬神活动，目的是提醒个体在日常生产生活活动中需要记住神灵并与神灵保持互敬关系。如果仪式频繁且程序完整则证明相应的道德规范仍在发挥效用。如传统的"倒水饭"很有讲究，出门前需念咒语，需要走到远离住房的十字路口焚香烧纸然后将"水饭"倒掉，倒完后回家进门前需要念咒语。出门前念咒语意味着恳请天神胁迫凶神出门接受敬仰，回家进门前念咒语意味着恳请天神帮助阻止凶神跟随自己返回家中。然而，现在部分人已记不清咒语和程序，直接带上香和纸拿去倒，甚至很多人不再"倒水饭"。又如人们曾经认为土地神掌管住宅、土地与道路等，为"讨好"土地神，除夕与正月十四下午每户人家都会带着祭品、香与纸前去"孝敬"土地神，这是约定俗成的道德规范。现在L村寨人对此已不再虔诚，很少有人前去祭祀。即使每年春节的"打发老祖公"仪式也不如曾经那样虔诚和规范。传统的"打发老祖公"需要在所有家具器物上挂上长钱，先在香火下完成主要仪式后再去把长钱烧掉，现在很少有人去给家具器物挂长钱，甚至部分人已不再举行"打发老祖公"的仪式。仪式本身属于道德规范的表现形式，当人们不再遵守仪式的时候，也间接证明与神灵相关的道德活动正在失效。

（三）基于社会的道德规范逐渐失效

人们在生产生活实践中形成了互帮互助、相互监督、明礼诚信等良好道德规范，目的是维持人与人的正常交往。道德规范的功能是提醒人们在交往中不要损人利己，要相互帮扶共同渡过难关。当前维持人与人正常交往的道德规范正在失去效用，直接影响到人们的价值判断与行为。通过分析我们发现，人与人道德规范失效背后的深层原因是"利"的强势与"义"的弱化，最终的表现为人们为"逐利"而放弃原有的价值观念，并且把原以为不道德的行为视为道德行为且大胆追逐。接下来主要列举三个案例佐证道德规范失效的表征。

偷盗等不良行为逐渐得到认可。传统的L村寨人认为偷盗的观念与行为是不符合道德规范的，偷盗不仅会影响自己的生产生活，同时其家族也会受到影响。如A家庭出了小偷，村民都会认为其家庭教育不好，日常交往中不愿与其家庭甚至家族交往，尤其不愿意与A家庭或家族产生新的姻亲关系，因为担心偷盗者损坏自己家族名声或者把自己家族的人带坏。20世纪90年代，那个时代社会治安体系尚未跟上社会发展的速度，人们的防盗意识并不强烈。一批外出务工但因学历低而无法就业的年轻人开始以偷为生，在此过程中他们尝到了甜头，其他年轻人开始加入偷盗队伍，在全国范围内流窜作案。偷与进监狱似乎成为那个时代年轻人有能力的标志，不会偷盗的人似乎更遭人瞧不起。当然因人们防盗意识的增强和电子货币的出现，加上这几年务工挣钱相对容易（建筑工地略有技术的民工工资350元/天起），人们也不再偷盗。

传统婚俗的道德性逐渐弱化。婚俗是土家族男性和女性的成年礼，婚俗过程也属于道德教育过程，婚俗仪式的洗礼能让个体更好地内化社会道德规范，给人贴上从此开始承担社会责任的标签。现代人开始给传统婚俗贴上落后的标签，人们极端简化婚俗仪式，让婚姻失去了仪式感。当然，婚俗中增加了新的元素，即彩礼。总而言之，很多人举办婚俗仪式不是为了让自己真正成为有社会责任感和有担当的人，而是增加自己的收入。这种收入源于三方面。一是数额较大的彩礼，彩礼原则上是家长出，通常婚后给自己子女；二是"眼泪水钱"，传统女孩哭嫁，被哭者会给其数量不等的眼泪水钱，现代直接递烟收钱；三是收礼金。传统婚俗中收礼主要包括粮食和数量较少的钱，现代人主要收钱。笔者近五年来多次参加婚礼，对比发现，传统婚俗时间较长，在漫长的婚礼准备过程中新郎新娘学会了独立为人处世的道德规范，其家庭责任感和社会责任感得到强化，是名副其实的道德婚姻。现代婚俗时间短，极端简化了不能带来经济收益的仪式，保留和突出了能直接产生经济收益的仪式，因此现代婚俗更多是经济性婚俗，这可能是村寨中离婚率提升的原因。如村寨中目前离婚近十人，而十年前村寨还无人离婚。

人际交往中的道德基础减弱。通过梳理发现，传统乡村人的交往更多是基于情感、道德和责任的交往。人与人之间存在人情关系所以要相互交往，基于渡过难关需要相互交往，为维护家族和村寨形象会主动帮助他人。因此传统L村寨人的交往更多属于道德性交往。然而这种道德性交往在现代社会中也逐渐减少，这种减少主要表现在三方面。一是人情关系正在沦为人钱关系。传统社会中，人们常说人到人情（钱）到，现代人更关注的是人不到钱要到。二是传统社会人们都是基于问题解决形成互帮互助的关系，在此过程中相关的道德思想得到强化，现代人只要钱能解决的问题都不请人帮忙，因此当前除丧事以外，其他集体活动中出于互帮互助的道德交往正在减少。三是出现了利用道德信任损坏他人利益的现象。这里主要列举三起欺骗事件。20世纪90年代，GY因自己欠数万元的银行贷款无力偿还，便从广东回家招工，出于信任村寨中3人跟随他外出务工，他年仅14岁的侄儿也跟着一起去，后来4人全部被卖到"黑采石场"。2000年左右，DW以介绍工作为名把自己的堂妹卖到了福建，获得3000元的非法收入。2019年SC转包工程给ZQ，前提是ZQ自己垫资20万，此后SC并未把工程款付给ZQ，致使其背上了20万元的高利贷。这三件事情中，骗人者都是利用村民之间的道德信任欺骗了他人，尽管这种现象不普遍，但至少反映人际交往中的德行开始丧失，以牟利为目的的经济性交往开始增加。

偷盗、经济性婚俗和欺骗在传统社会中都属于不道德的行为，并且违反者及其家族都会受到村民谴责和惩罚。现代社会，人们的价值观中仍然对此类行为有舆论批判，但是当自己面对此类事的时候，人们似乎也选择默认，毕竟在现代人看来钱才是最重要的。在此意义上，笔者认为在社会变迁过程中，传统道德规范对人的约束力开始降低，同时人们更关注的是违不违法的问题。

三、道德情感逐渐淡薄

道德情感是人们在遵循道德行为的过程中所获得的心理体验，这种体验反过来会强化人的行为。道德情感对于维护道德规范与行为尤为重要。道德情感主要包括公正感、责任感、义务感、自尊感、羞耻感、友谊感、荣誉感等。道德情感体验源于自身道德行为引发的体验以及与自己相关的他人行为引发的体验两种类型。情感体验越深则说明道德观念对个体的影响越大，愉悦的体验即积极情感体验会导致个体期望相关的道德行为持续出现，适当的时候自己也会践行相关的行动，不愉快的体验即消极情感体验会使个体厌恶相关行为，并且今后不希望出现相关的行为。基于道德行为的愉悦感与厌恶感越强烈，则表明个体的道德情感浓厚，反之则属于道德情感淡薄。对任何行为都无所谓的心理状态属于道德情感淡薄的表征，基于道德行为的愉悦感与厌恶感不够强烈也属于道德情感淡薄的范畴。道德情感强烈意味着人们都期望遵循道德秩序，过着有道德的生活，人与人在道德规范的引导下实践相应的道德行为。社会和谐，家庭和谐，人们相互帮助，携手共进退，这是最为理想的具有德行的生活。尽管传统L村寨存在不和谐的斗争现象，然而整体上看，人们的生活仍属于有德行的生活。和谐相处、携手进退是人们生产生活中永恒的主题。L村寨人常说的亲戚之间"打破脑壳都镶得起"，其寓意是尽管大家有争斗，但是随着时间的推移都能重归于好。20世纪90年代以来，传统的富有德行的生活式微，人们的道德情感愈发淡薄。

（一）个体道德情感逐渐淡薄

个体道德情感通常指基于个体对自己道德行为或者与自己相关的他人道德行为而产生的情感体验。个体道德情感淡薄主要指个体不愿意积极追求有德行的生活，甚至不愿意体验传统社会流传下来的曾经被视为积极有效的道德经历。这种淡薄主要表现在两个方面。

个体逐渐不再主动或被动接受道德规范的束缚。主动践行道德活动是道德情感浓厚的表现，传统的L村寨人始终标榜自己的村寨是文明村寨，在对外活动中人们总是以道德楷模的身份践行、指导和监督道德行为。尤其是进过老式学堂的文化人更乐于享受这种积极情感体验带来的自我满足感。他们不仅以道德楷模自居，且主动接受传统的道德规范规约，并且期望以自己的良好道德行为影响周围的人。之所以乐意遵循传统的道德规范，原因在于在遵循此种道德规范的过程中他们自己获得愉悦的情感体验，体验到自己正在脱俗且与传统社会的君子标准似乎更为接近。他们也会获得来自他人的赞赏，比如，被称为"老先生"或者被评价"这家人户家教很好"，这种赞赏带来的愉悦体验会更加强化其遵循传统道德规范。如"老先生"WJ走在路上看到不符合传统道德规范的行为总是自言自语地骂：现在这些年轻人完全没有规矩，这种事情都做得出来。也就是说年轻人的行动没受传统道德规范的约束。20世纪90年代以来，L村寨人主动遵循道德规范或接受道德约束的情感体验行为逐渐减少，传统道德守护者被贴上过时的标签，被青年人认为是"老古董"。尽管表面上年轻人都会尊重他们，但背后却不按照其道德意志行事，他们的道德权威降低，道德向心力减弱。总而言之，追求道德情感体验的现代人越来越少，似乎在日常的生活中也少有谈论道德情感体验的相关故事或生活实例,即使有也更多是从经济或者怜悯的角度讨论人们的道德行为。

个体主动约束他人不道德行为的情况较少见。不愿接受道德规范的制约意味着道德不再是人们关注的重要内容,而主动约束他人道德则说明当地人还有做道德维护者的意愿。传统的L村寨,个体的道德行为不仅代表着自身,更为重要的是代表着村寨的道德形象,因此当人们认为个体有损村寨的道德形象时,村民们会主动积极地制止不道德行为的发生。这种情况尤其在村外更为明显,因为L村寨人会觉得每个寨民走出寨子即代表着寨子的道德形象,良好的道德形象被寨民自己破坏后是很难修复的。同时如果村寨中的人在其他村寨出现不道德的行为,人们在评价他的时候首先是强调这个人是哪个寨子的、其父母或爷爷是谁,抑或说村寨中的"名人"是他的什么亲属,这本身就是对村寨以及村寨道德权威人士的否定。为避免这种情况出现,村寨中的道德权威或其他人士都会主动制止或教育有违道德规范的村民做个好人。随着经济条件的逐步改善,人们为追逐利益尽管对某些道德行为有所诟病,但已很少出现制止他人不道德行为的情况。这也与当前村寨中话语权界定的标准有关,传统村寨的话语权在道德楷模手中,现在村寨话语权在钱多的人手里,即谁钱多谁就有话语权,甚至连德高望重的村干部的话语权都没有有钱人的话语权大。

(二) 集体道德情感逐渐淡薄

集体道德情感指集体的具有德行的行为带给个体或集体的情感体验,他通常表现为公正感、自豪感与荣誉感。集体道德情感体验的主体是个人或集体,主要表现为个体为集体或因集体的道德行为所获得的情感体验,以及集体因为集体的道德行为而获得的情感体验。积极的集体道德情感体验与消极的道德情感体验都会强化相应的道德行为,维护集体的道德习俗。相对封闭的自然环境使得L村寨本身成为联系紧密的集体，相对封闭导致非家族成员之间也产生了很多姻亲关系。可以这样说，村寨中人与人之间总是能扯上或多或少的亲属关系。

L村寨是个整体，其中以家族为单位又可分为多个子集体，这种构成关系主要表现为：个体—家庭—家族—寨子。传统L村寨人的集体主义道德情感较为强烈，个体会尽力维护集体的形象，集体本身也会形成合力维护集体的形象。例如，如果有人严重违反道德伦理，会被集体成员所唾弃，其他集体或个人会以此非道德行为借口进行批判。因此为了让自身能在集体中找到归宿感，同时集体又能为个体"撑腰"，传统的L村寨人都具有较强的集体道德情感，也会积极主动地遵守道德习俗，维护集体形象。就目前来看，这种情感体验正在变淡，人们似乎已渐趋不在意不按照集体道德要求行事的个体或家庭。

基于婚俗的道德情感体验逐渐变淡。传统的L村寨人认为女性的婚姻需要遵循媒妁之言，轿夫大马迎接，举行隆重的哭嫁婚俗，这才是合乎道德的行为。女孩子的婚俗按照传统举行不仅能给出嫁女孩的父母带来荣誉，同时也是家族的荣誉。如果某女孩子的婚姻不符合传统规范，那么家族的名声会受到影响，家族其他女孩子的婚姻也会被人"瞧不起"。因此，传统的L村寨社会，为维护这种集体荣誉感，谁家女性结婚不遵循婚姻礼仪，家族成员则会惩罚女孩的父母，俗称"办台子"。出现此种情况的女孩子还会成为L村寨人教育女孩子的反面教材。因此为树立家族或寨子的道德形象，人都在维护自己所在集体的荣誉，也会督促自己和他人做有德行的事。这种情况在进入21世纪后已逐渐减少，最初谁家女孩子不按照传统婚俗结婚，村寨人为维护集体的道德形象会对其进行教育，尤其是家族成员会坚持要按照传统习俗办事。此后，大量女孩外出务工导致未婚先孕的现象出现，道德问题的严重性超过不按照既定习俗办事的严重性，人们似乎不再关心前面的习俗问题。时间继续往后推，有女孩子直接未婚生子后回家还要举行婚礼，这对传统道德婚俗的挑战达到了极限，因此人们逐渐不再关注女孩未婚先孕的问题。随着这种情况的增多，村寨人发现没有比未婚生子后回家再举行婚礼更严重的挑战传统道德底线的事，渐渐地人们不再极力维护传统的道德规范，对违反传统道德规范的行为逐渐变得冷漠。在人们对传统道德行为关注热度降低的时候，现在婚俗似乎更在乎的是结婚的排场以及结婚收多少礼金。

对传统的集体性道德活动逐渐漠视。传统的集体活动几乎都被视为道德性活动，人们认为此类活动的举办代表着村寨的道德形象，尽管此类活动通常不会带来经济收益，但是却能让人们找到道德上的存在感。L村寨传统的集体性道德活动较多，但当地人认为最具代表性的是花灯，因为在他们看来花灯是文明人的活动，不仅活动本身充满着文化气息，更为重要的是其中的内容蕴含着丰富的道德性。"耍花灯"通常是以寨为单位，首先是在自己的寨子里面"耍"，然后再到别的寨子去"耍"。去别的寨子耍花灯通常会受到三种类型的挑战，即"对花灯歌"、拼酒与仪式挑战。对花灯歌指两个寨子的人会选择在某户人家里对唱花灯，不允许重复，如果应对挑战失败则会损害寨子的荣誉。拼酒是耍花灯中最为重要的环节，即花灯唱到一半时会停下，主人会拿出酒与菜，两个村寨的人会在此过程中拼酒，如果去耍花灯的一方有人喝醉倒下则被视为能力不够而遭嘲笑。仪式挑战指主人会根据自己的职业摆出相应局，耍花灯的人遇见后需要通过专门的仪式来解局，如果对方摆出的是杀猪刀，则按照屠夫专用仪式来破局。三类挑战中的任何一种失败都会在对方村子里留有笑柄，轻则以后可能不愿再去该寨子耍花灯，重则会停止耍花灯，并且也不允许后代耍花灯，因为他们认为技术如人，技术太差则不能维护集体的荣誉。如 20 世纪 70 年代，L 村寨在耍花灯的过程中因喝酒丢脸后约 20 年没耍花灯，因为在他们看来丢了寨子面子是不道德的行为。现代 L 村寨人对维护集体道德很少感兴趣，因为他们认为道德最终都不重要，重要的是钱。因此现在 L 村寨人偶尔也耍花灯，但味道已彻底变了。因为耍花灯对于 L 村寨人而言不再是基于道德的情感体验，不再被认为是村寨的荣耀，它们在其中已无法体验到花灯带来的道德仪式感，而是把花灯当作创收的手段。据传 2018 年春季，L 村寨的花灯队半个月之内获得的政府补助与村民的赏钱加起来过万。事实上这支花灯队伍的水平很低且很少在耍的过程中喝酒交流，因为其追求的是"钱感体验"。

四、道德活动逐渐减少

道德教育是人生产生活活动的重要构成要素，可以这样理解，L 村寨人传统的生产生活活动始终与道德教育密切相关。道德教育主要以故事传说、说理疏导、惩罚矫正、环境熏陶与自我修炼等方式规范着个体的行为。尽管所有的生产生活活动都具有道德特性，但是仍有部分道德养成或践行相对集中的生产生活活动，人们正是在各种各样的生产生活活动中逐步提升自己的道德认识与素养，形成相对稳定的道德行为规范。在此意义上，笔者认为道德活动是开展道德教育最为有效的方式，因为活动能让抽象的道德依托实践载体，转化为人们易于接受的内容。然而，随着生产方式的改变和各类生活设施的现代化，当地传统的道德性活动越来越少。

（一）传统生产生活活动的减少

传统的道德是基于个体与群体生产生活实际需求的道德，其道德观念与生产生活活动深度融合，生产生活活动不仅能为人们带来物质收益，也在促进道德水平的提升。正是基于道德与生产生活之间的利益关系，L村寨人才乐于且主动遵守道德规范。然而，21世纪以来，L村寨传统的生产生活活动已逐渐减少，甚至很多年轻人已彻底不懂传统的生产生活活动。传统生产生活活动的减少主要表现在四方面。一是农业生产活动减少。主要表现为大量的田土荒芜，人们已很少砍柴，建房全部以钢筋水泥房为主，因此基于林业的互帮互助活动也逐渐减少，目前已基本消失。由于村寨孩子现在都在上学，土地也很少耕种，牛羊很少，因此传统的放牛羊、割柴草以及与之相关的唱山歌等活动已很难见到。调查发现L村寨荒芜的耕地已达到80%，并且种地的主要是60岁以上的老人以及少量的无法离家外出谋生的青年人。农业生产活动的减少使人与自然之间的依赖关系变得松散，人与自然的真实距离变大，相应地，基于人与自然交往而形成的道德观念与内容逐渐失去其存在的根基。二是基于生产生活活动的延伸性道德活动逐渐减少。如传统的"打闹"、薅草锣鼓、栽秧歌等都完全消失。此外，农业生产活动的减少导致多数L村寨人不再放牛用以耕种，孩子也不再放牛，因此山歌也不再有人唱。三是现代年轻人基本都外出务工，村寨的经济不再依靠传统的乌桕树和与油桐树，因此冬季曾经热闹的山坡现今死气沉沉。四是砍柴割草活动减少，砍柴割草活动被视为人与自然互动的活动，它能增进人与自然的关系，增强人们的生态环保意识。就目前而言，因寨子已通电，加上很少有人喂猪（煮猪食要消耗大量柴火），因此曾经冬季悬崖山谷中热闹的砍柴景象已消失。

生产生活活动是人们勤劳俭朴、勇敢无畏和互帮互助道德精神产生与传承的重要实践土壤，此类活动的减少也使得传统的良好道德品质找不到体验的载体，人们类似的道德精神也被逐步削弱，因此出现了人越年轻越不能吃苦，越年轻越不懂得勤俭节约，越年轻越不懂得互帮互助的情况。

（二）休闲娱乐活动的减少

休闲娱乐活动的主要价值是愉悦身心，同时活动也传递着相应的道德观念和规范，如花灯传递着人们敬业、孝敬、勤俭等道德文化，耍狮子传递着勇敢、无畏、胆大心细的道德品质，山歌传递着人们勇于担当、宽以待人、勤劳等道德品质。在此意义上，可以理解为休闲娱乐活动是蕴含着德行的生活教育活动。然而，传统的蕴含着德行的休闲娱乐活动逐渐减少，甚至已多年未开展。一是讲故事传说的活动逐渐消失。传统L村寨人之所以讲故事传说且孩子或年轻人也乐于听，主要原因在于讲故事传说是传统村寨较为常见的休闲方式。漫长的冬季人们围着火堆烤火，没有电视看也没有收音机可听，年长者讲故事传说以消磨时间，历经多代传承的故事本身带有道德性。现代孩子对此类故事已不感兴趣，年长者也难以召集其讲故事传说，因为他们的手里有了手机。二是小孩子的游戏活动包括过家家、躲猫猫与玩泥巴等游戏活动，它们本身带有道德教育的价值，在此过程中孩子能习得合作品德，但现代孩子已很少玩相应的游戏，因为他们不仅可以玩手机并且可以看电视。最为重要的是孩子三到四岁即被父母送到学校，学校的教育本身与L村寨生产生活活动的关联较小，因此也失去了玩传统游戏的现实基础。三是耍狮子与耍花灯等活动也逐渐消失。耍狮子需要从小练习，现在的孩子基本不参加生产劳动，也不愿意练习耍狮子，此类活动已开始后继无人。耍花灯本来仪式较为复杂，所涉及的地方文化知识要求较高，现代孩子基本已不会唱花灯，甚至已不乐意参与此项活动，而年长者已没有精力耍花灯。休闲娱乐活动减少使得传统道德失去了传承的重要载体，相应地，传统道德的精髓也难以被现代人内化和认同。

（三）传统仪式的减少

仪式是一种体验，它能给亲历者更有效的心灵触动，增加其认识和记忆，这样才能达到更好的效果。民族村寨对仪式非常重视，甚至可以说仪式本身是民族成员生产生活的重要构成要素。笔者对主要负责葬礼的道士和负责过关的端工先生进行过访谈，他们认为传统仪式尽管更多针对的是鬼神，但其中蕴含着对人的道德教育。传统仪式除家家户户都举行的常规仪式，如请老祖公、倒水饭等外，傩戏、送船船、葬礼都是集体性质的活动，仪式本身属于道德性活动，因此参与现场的人能从中受到潜移默化的道德教育。然而，自从20世纪80年代以来，无论是集体的还是个体的传统仪式都在减少，甚至部分仪式已完全消失。就个体仪式而言，完全消失的仪式有拜石/树保爷活动，尽管人们认为此类树和石头仍具有灵性，不能轻易冒犯，但是曾经经常前去祭拜的"干儿女"都不再前去祭拜。接近消失的有每年除夕和正月十四下午的拜寨子的大小两个菩萨活动，从菩萨牌位前的纸钱灰来看，大菩萨还有个别人祭拜，小菩萨已没有人祭拜。正在消失的还有各户正月十四晚上的插"上阳灯"活动，该活动中阶阳、院坝甚至房屋周围的路上都要点上灯或蜡烛，它给家庭带来喜气，同时也含有孝敬祖先的仪式，但由于现在年轻人都在外务工，基本都在正月初十前离家，因此此项活动目前也很少见。

人生仪式包括出生礼、过关礼、婚礼、寿礼和葬礼等，目前最为隆重和虔诚的只有葬礼，葬礼隆重的原因是葬礼不能免除，也由于现在的主持葬礼的先生尽可能延长葬礼时间，这样他们能获得更多的工钱。出生礼、过关礼、婚礼、寿礼四种传统社会很重视的礼仪尽管现在仍受到部分村民的追捧，就实际而言，仪式本身已不重要或完全简化，根本目的是收礼金。传统仪式的消失让人失去了亲身体验的仪式感，不利于人们对人生意义和价值的理解,也容易助长不良社会风气。如现在村寨的离婚率较高,可能与当地当前随意性的婚俗有关,因为婚俗非常简单随意,没有传统的历经艰辛的筹备经历和当家成人的责任感体验,人们对婚姻关系似乎看得比较淡。总之,仪式感减少不是简单做与不做,而是削弱了人们生存和发展的道德根基。

第二节 传统道德式微的致因

传统道德是基于生产生活实际需求的道德,其产生的基础是L村寨的自然环境,以自然环境为基础逐渐延伸出敬神灵需要与社会发展需要,如果人们的生产生活方式不发生改变,传统道德也很难改变,因为人们依赖于环境。"他们知道保护自己的环境,珍惜资源,能考虑子孙后代的利益。他们没有为保护生态环境颁布过连篇累牍的法令和公约,或发表过慷慨激昂的演说和宣言;他们仅仅是通过传统的习俗、宗教仪式和禁忌来维持生态平衡的。然而他们这些不成文的'环境保护法'似乎更有效力,能为社会成员自觉点遵守。"[①] 因此人们对道德的依赖性极强。通过前面对L村寨社会变迁的梳理,笔者发现L村寨传统道德习俗产生于农业社会,他是自耕农社会的产物,是人们在几百甚至上千年的生产生活实践中总结凝练出来的,因此在特定社会形态中有其特定的存在价值。L村寨传统道德相关的系列活动在中华人民共和国成立以来遭受过两次冲击。第一次冲击是1966年开始的"破四旧、立四新"运动,传统道德习俗在此期间遭到禁止,但最终没有达到效果。第二次

---

① 汪宁生.文化人类学专题研究关于母系社会及其他[M].兰州:敦煌文艺出版社,2007:81.

冲击是改革开放的冲击,尤其是20世纪90年代村寨人开始大量外出务工,这次冲击直接导致传统道德体系的消解。笔者接下来主要从纵向历史脉络和横向的经济基础、主流文化、学校教育以及乡贤文化四个维度分析L村寨道德式微的原因。

一、经济基础的改变

根据马克思主义的观点,经济基础决定上层建筑,道德属于上层建筑的范畴,因此经济基础是道德产生的根源,或者说有什么样的经济基础就会有与之匹配的道德体系。影响经济基础的核心要素是生产力,生产力又会影响生产关系,道德可视为维护生产关系的重要力量。如果离开了生产力和生产关系,道德也就失去其生发的土壤,结果是要么消亡要么成为摆设。L村寨作为土家族社会中遭到冲击相对较晚的村寨,在1966年的"破四旧、立四新"行动中尽管遭受冲击,但其道德基础仍旧十分牢实,其主要原因在于尽管在制度上禁止,但当时乡村的生产力仍不发达,人们仍是沿袭着千百年来的农业耕种方式,尽管在耕种过程中适当加入了一些科技要素,但也只能是对传统农耕方式的适当补充。因此当时的"破四旧、立四新"行动也仅仅是采用强制手段对传统道德习俗进行短暂的制止,此后便很快恢复。笔者梳理发现,在这期间,人们仍旧是靠山吃山,耕种方式仍旧是牛人合作耕地,运输方式仍旧是肩挑背驮,外出办事求学仍旧是靠两腿走路,粮食仍旧是稻谷和玉米,经济作物仍旧是油桐和乌桕。与民国时期相比较,只是改变了土地所有权的性质,从以私有制为基础的独立耕种方式变为了以人民公社制度为基础的合作耕种方式。改革开放后在集体经济制度的基础上推行了家庭联产承包责任制,耕种方式从合作耕种变为以家庭为单位耕种,其他的生产方式仍旧没有改变。相应地,传统道德的生发的经济基础没有变化，传统道德就有其用武之地，因此其必然不会提前消解。

传统的山地农业经济是 L 村寨的经济模式，人们靠山吃山、靠水吃水，所有的消费都依靠自然。吃穿住行用都源于自然，即使不是自然的直接产物也需用源自自然的物品去换取。如盐需要用食物、乌桕或油桐等物资去换取。L 村寨贫瘠的自然资源并非取之不尽用之不竭，在日益增长的人口面前自然显得很脆弱。为让自然环境能给所有人提供源源不断的资源，人们需要处理人与自然的关系，所有人都向有限的自然空间"要"资源，也需处理人与人之间的关系，因此源自传统社会的人与自然的交往之德以及人与人的交往之德的功能得到了发挥。在处理人与人以及人与自然的关系上，如果由人监督人难度较大，因此在人、自然之上设立了神灵。神灵的力量大于自然与人的力量，是自然与社会秩序的守护者与监督者，掌管着一切。因此人们需要面对神灵，处理好其与神灵的关系。基于传统的山地农业经济基础，L 村寨的祖先们构建了规约着人与自然、人与人以及人与神关系的道德体系。这种道德体系在传统的 L 村寨社会已根深蒂固，牢不可破，指导并规约着 L 村寨人的思想与行为。

传统道德体系自 20 世纪 80 年代开始受到挑战，其缘由在于 20 世纪 80 年代的改革开放。尽管改革开放在 20 世纪 80 年代中期已吸引大量的农业人口外出务工，但鉴于 L 村寨人根深蒂固的农耕文化以及相对封闭的自然环境，这期间 L 村寨人外出务工的情况并不多见。20 世纪 80 年代末人们才开始陆续外出。寨中最早外出的是家里除能保证传统农耕劳动力以外的男人，他们最初是在石厂、石灰厂、水泥厂和建筑工地等地方上班。每到年底外出务工人员穿着亮丽光鲜的衣服回家，惹得年轻人羡慕，部分孩子辍学跟着外出打工，这种现象持续到 90 年代末。这期间外出务工人员基本不是家里的主要劳动力，外出务工一是出于对外面世界的新奇与补贴家用，二是希望摆脱艰苦的贫困生活状态。

2000年是村寨经济发展的转折点，人们与自然的关系开始更加疏离，这种疏离主要表现在三方面。一是L村寨相继通上了电与公路，同时看上了电视，用上了电饭锅。前者逐步开拓了人们的视野，转变了观念。公路运输与用电照明做饭释放出部分体力劳动力，运输与用电需要钱也刺激人们的经济观念。人们逐渐发现美好生活除了能从地里"刨出来"外还有更便捷的路径，因此外出打工的人越来越多。外出务工带来的比耕种土地更多的效益吸引部分青壮年劳动力外出，导致土地开始"丢荒"。二是老龄人口的增多使得农业劳动力减少。青壮年劳动力的外出，留在家中从事农业劳动的主要是50岁以上的老人。随着年龄的增长，2010年左右原有的老龄劳动力年龄都接近70岁，他们已很难在当地恶劣的自然环境中从事农业耕种。加上年轻的子女外出务工改善了家里的经济状况，对他们而言劳动不再是必须要做的事。劳动力老龄化的同时中年人会进入老年行列，但中年人因常年在外务工，尽管已老去，但是他们也能在外找到工资相对偏低的收入，不愿意回到村寨劳动，到目前为止，村寨大量土地都丢荒，已很难再次耕种。三是国家退耕还林、返公粮款、新农村建设、脱贫攻坚和乡村振兴等相关政策的推动。退耕还林政策以金钱补贴的形式退掉了部分不适宜耕种的土地，返公粮政策让人"不劳而获"，这些费用可适当补贴家用，新农村建设与脱贫攻坚政策引导更多的富余劳动力外出就业，同时减轻了贫困家庭子女的教育负担。政策的经济补助、住房补助、就业创业帮扶等使得L村寨人不再为基本的生活发愁，并且即使不耕种土地，生活貌似也比十年前好很多。总体而言，上述三个原因使得L村寨的经济基础发生了根本性改变，L村寨人不再守住乡土，辛勤劳作且过着看自然"脸色"的日子。人与自然的疏远也就使得基于传统农业生产基础上的道德规范逐渐失去其成长与延续的"温床",传统道德式微成为必然。

二、主流文化的冲击

传统的L村寨处于相对封闭的环境中,形成了自身的文化性格与心理认同,这种文化认同也使得L村寨成为相对独立的文化独立体。人们尽管吸收着外来的文化,但因交通闭塞,外来文化力量很难冲击L村寨文化的根基。尽管如此,社会的主流文化裹挟着经济和教育两个当地人最关心的社会元素,以潜移默化的方式消解着L村寨的传统文化体系,因此自20世纪90年代开始,主流文化导致村寨传统文化的根基受到动摇,相应地,基于文化精神的道德习俗也遭到较为严重的冲击,人们才真正从内心开始质疑传统道德习俗。

主流文化对L村寨文化的冲击始于中华人民共和国成立后。人民公社的成立是L村寨社会产生的重大变革,尽管深处民族自治区域,L村寨的传统文化仍受到国家主流文化的冲击,很多传统文化习俗融入了新的思想,成为传播国家主流政治思想的渠道。具体表现在下列三方面。一是中华人民共和国成立至"文革"前期。主流政治思想中的科学思想与精神通过夜校、学校教育、传统民俗等影响着人们的思想,尤其是对被视为封建迷信的部分道德习俗造成了冲击。二是"文革"期间,"破四旧"与"立四新"思想对传统民俗的冲击。很多民俗都被迫停止,即使不带迷信色彩的哭嫁习俗在这期间也被禁止。"文革"结束后,民俗活动逐步恢复。三是20世纪90年代的破除迷信活动。1992年,在L村寨隶属的公社成立了联防队,笔者并未查到联防队承担破除封建迷信的职责,但他们却在L村寨制止做道场、过关、谢土等集体性民俗活动。因L村寨人仍旧从事传统的农业生产活动,尽管主流文化的冲击在某种程度上削弱了人们对传统道德习俗的虔诚度,但并未对L村寨的文化传统造成致命性的冲击，因此人们依旧信仰传统风俗。根本原因是经济基础仍未改变，人们的生产生活仍旧与自然环境紧密联系。

真正对 L 村寨传统文化基础造成根本性冲击的不是单纯的政令要求，而是改革开放后的市场经济文化。20 世纪 90 年代中后期，外出务工人员成了当地人心目中阳光、有钱和潇洒的形象。他们不仅怀揣钞票，也能为弟弟妹妹提供学费和为父母提供肥料钱，此外男孩子回村寨的标配是收音机、手表、港式发型、时尚的牛仔裤和夹克，女孩子戴手表，穿着时尚服装、高跟鞋。这些从内心深处触动每位 L 村寨人的神经，因为人们发现自己全家人脸朝黄土背朝天，辛辛苦苦干一年得到的收入还不如一个人外出务工多，人们开始质疑传统的耕种方式，也开始向往外面的花花世界。也许是贫穷时间太长，也许是劳动太辛苦，在外出人员光鲜形象的刺激下，人们传统的道德底线开始动摇，这也奠定了当前经济至上的村寨文化的基础。

具体而言，L 村寨传统文化相继遭到物质文化、"敲哥"文化、"偷盗"文化与现代电子信息文化的冲击。一是物质文化的冲击。20 世纪 90 年代外出务工的青年男女衣着光鲜的形象以及给家庭生活带来的帮助刺激着人们的神经，2000 年左右外出务工回村的包工头回寨大把花钱、呼风唤雨的形象让 L 村寨人更加明白走出去的必要性，2010 年以来外出务工人员开着面包车和轿车回寨更加凸显了外出务工挣钱的重要性。这都强化了人们的物质意识，也在潜意识里造成了人们对传统礼俗的抵制。二是"敲哥"文化的影响。L 村寨的道德品质中本身有吃苦耐劳、勇敢坚毅的品质，在村寨内部被和谐的道德观念所控制。20 世纪末，由于受到港台武打电影影响，当地刮起了武术之风，一批年轻人外出后似乎没有道德束缚，在外干起敲诈勒索的行当。开始人们认为他们的行为是不道德的，但因他们在村民面前始终扮演的是村寨保护者的角色，人们也开始认同这种行为。三是"偷盗"文化的影响。凶恶的自然环境练就了人们攀爬的本领，20世纪90年代末外出务工的年轻人突然增多，就业非常困难，为了生存开始在城市入室偷盗。由于钱来得容易，他们在村里出手大方、成群结队、打牌赌钱，他们带来的经济影响使人们逐渐忘却了偷盗是不道德的行为，而受到传统道德律令束缚的年轻人在这种对比中明显处于下风。四是现代电子信息文化的影响。2010年以后L村寨逐渐普及了智能手机，网络相继普及，人们与都市人同样能享受信息化的便利。微信、QQ、网络电影、网络游戏、抖音等已成为现代人生活中不可缺少的构成要素。此类娱乐方式逐渐取代了传统的民俗性休闲娱乐方式，相应地，与传统娱乐活动融合的道德也就失去了传播与实践的土壤。现在村寨玩抖音的中老年人很多，甚至部分人好像已经"上瘾"。

商业物质文化、"敲哥"文化与"偷盗"文化能受到推崇，成为颠覆传统道德体系的重要力量，原因在于三者都触及传统L村寨人祖祖辈辈都致力于解决的生活问题，甚至是改变祖祖辈辈都务农的生活状态的快捷方式。比起肩挑背驮、爬悬崖砍柴、顶着烈日干活的艰辛，这些不道德行为带给他们的荣誉损失以及牢狱之灾似乎都比不上在家干活的艰辛。尽管初期村寨人对偷盗、抢劫和敲诈等行为很抵制，但很快人们对这种行为进行了"合理化"的解释。尽管他们敲诈、偷盗和抢劫，但只要不是在当地，证明他们是有良知的且是道德的。这期间在本地干坏事的人经常会遭人瞧不起，人们会说：有本事就到外面去偷、去抢，在本地方你再厉害都证明不了你。

三、学校教育的影响

传统的道德融于人们的生产、生活与休闲娱乐等活动中，尽管古代

L村寨有部分有文化的人，但是他们学习文化后终究都回到村寨继续从事祖辈的生活，略有改变的是其可以在别人办酒席的时候帮忙收钱记账，这在传统的L村寨人看来是很有面子的。因此，传统的L村寨基本没有人在机关事业单位和国企从事稳定的工作。即使在中华人民共和国成立至20世纪80年代，也没有能走出L村寨并在外工作的人。但这并不影响人们接受教育的热情。通过调查发现，人们之所以重视教育，是受到儒家文化中"万般皆下品，唯有读书高"思想的影响与恶劣自然环境的胁迫。尽管在古代社会连秀才、童生之类的头衔都从未考上过，但人们依旧对教育充满热情。中华人民共和国成立后大多数人有了上学受教育的机会，很多家庭都竭尽全力送子女上学，希望通过读书改变命运，因此学校教育成为冲击传统道德体系的重要力量。

学校教育对传统道德体系的冲击主要表现在三方面。一是学校德育的影响。尽管中华人民共和国成立后国家要求教育与生产劳动相结合，但人们深层的思想意识里面始终坚持教育与劳动不能等同，因为祖祖辈辈都重复繁重的体力劳动但始终没有人能改变命运。学校德育过程中老师都是照本宣科，道德教育完全脱离当地人实际的生产生活与民俗活动，这间接弱化了孩子对传统道德习俗的认同。二是非德育活动的影响。尽管孩子在日常生产生活中接受的是传统的道德教育，进入学校后他们接受的是现代道德教育，他们相信这是他们读书所追求的东西，在此情形下孩子也开始在有意识与无意识中抵制传统文化。因为书本上写山写水，但是没有人写村寨周围的山水，书本上写的故事也不是村寨周边的故事，书本上描述的水果很多也是当地人从未见过的水果。因此在学校教育的影响下，L村寨孩子渐渐地从内心抵制自己的家乡，如果有机会一定都会离开家乡。三是教师的禁止。现代的教师几乎不再以封建迷信给传统文化习俗扣帽子，但是在2000年以前当地学校教育中总是在抵制传统民俗，老师经常把当地民俗视为封建迷信并要求学生抵制，并且要求孩子回家说服家长不能从事相关的迷信活动。FY叙述了自己的经历，1994年其儿子正在上小学三年级，因儿子身体不太好家人准备给儿子举行"过关仪式"，时间与先生都已确定好。其儿子到学校跟同学和老师说了这件事，老师在思想品德课堂上跟同学说这是封建迷信，需要抵制，其他同学都嘲笑她儿子搞封建迷信，后来其儿子回家坚决反对"过关礼仪"，这件事也就取消了。

女性是村寨传统道德的重要守护力量。一是因为在"两基"尚未普及之前，因家庭负担重，女性读书机会少，所以她们接受的是传统的民俗道德教育。二是传统的村寨主要遵循男主外女主内的分工模式，女性活动主要局限于村寨内，所以其习得的传统道德很少受到外来文化的冲击。20世纪90年代以来，部分女孩子获得上小学的机会，女性的视野慢慢被打开，2000年以后随着"两基"普及，村寨中的女孩子都获得了上学的机会，因此她们对村寨传统道德习俗的认同也降低，这也是L村寨传统道德式微的原因。

四、乡贤文化的衰落

乡贤是传统道德的守护者与引领者，也是整个乡村社会建设与发展的引领者，主要包括两种乡贤，第一种是各家族中最有话语权的"头人"，第二种是村寨"头人"，他能代表村寨中多个家族。乡贤对内要具有号召力，对外要有公信力和较强的社会协调能力。这样才能引导村民做好村寨建设，也能为村寨建设争取资源，同时还能协调处理自己村寨与其他村寨之间的纠纷。

乡贤的事务主要包括五方面。一是村民红白喜事等酒席的主持者与管理者，在活动中承担"总管"的角色，负责人员分工、物资发放等事务，传统 L 村寨的酒席现场都能看到总管的身影。如果换作他人可能很多事务性分工无法落实。二是集体工程建设的召集者与组织者。在村寨修桥补路、修水井或其他集体设施的建设中，他们承担组织者的角色，由于村民信任他们，所以会积极参与到建设中。三是集体文化活动的组织者。春节是集体文化活动的集中期，如"耍花灯""耍狮子"与"耍龙灯"等系列活动也需要他们组织，大家该筹钱的筹钱，该出力的出力。四是道德惩戒的施行者。作为村寨的"头人"，他们很在乎村寨的形象，因此在日常生产生活中都会对村民的行为进行监督，当然也没有人嫌他们多管闲事。如某家孩子破坏集体财产，某家女儿不按婚俗规则与他人私奔，他们都牵头处理这些事情。五是村民纠纷的协调者。如果村寨的村民之间发生纠纷，双方无法自己解决的时候，他们会出面协调，通常都是站在道德的高度对双方进行"教育"，让双方接受他们提出的解决方案。

  乡贤必须有三个硬条件。一是需具备处于中上层的经济基础，穷人是不能成为乡贤的，村民不会认可穷人。因为穷人自己都穷，没有经营好自己的家，是不可能经营好村寨的。二是具有家族势力，因为家族势力会让无理取闹的人在他面前低头，如果家族势力不够强大，他们就会"压不住"村寨的刺头。三是具有道德高尚、虚怀若谷与天下为公的道德品质，这样村民才会认可他们。然而，20世纪90年代以来，村寨乡贤的影响力降低。之所以出现这种情况有三个原因。一是传统乡贤在乡村享受着人们的尊崇，形成相对保守的思想，在开放的时代他们通常是后知后觉的。二是他们尽管有高尚的道德品质，但是改革开放后很多原先家庭条件不好的人通过努力经济地位上升明显，因此传统乡贤的经济话语权减弱。三是20世纪90年代后，部分贫穷家庭的子女通过读书进入了政府机关与事业单位工作，在地方行政部门主导的乡村治理体系中，传统乡贤的政治话语权也逐渐被削弱。乡贤话语权的削弱使得村寨失去了传统道德的引导者与维护者，而新的且有道德号召力的乡贤尚未出现。在此意义上，传统乡贤文化的衰落也是 L 村寨传统道德式微的原因。

前面已讨论过，L 村寨是多个家族组合而成的杂姓村寨，并且主要家族在历史上有较为严重的冲突，因此在中华人民共和国成立前村寨中没有形成具有绝对号召力的乡贤。中华人民共和国成立后，在中国共产党的领导下，家族之间的摩擦变小，这期间逐步出现了以 B 家族为首的乡贤 WZ，他不仅在民国时期上过大学，并且很具号召力。此后由于其家庭经济条件不好而渐渐失去了话语权。此后 WH 逐步成长为乡贤，因为他具备足够的条件。一是作为赤脚医生，在医疗条件不发达的时代，村寨的大人小孩生病都要找他。二是作为兽医，村寨里牲畜生病也得找他。三是有崇高的医德。无论医治人还是医治牲畜，他都尽心尽力且收费合理，甚至没有钱也帮人治病。四是其家族在村寨里具有话语权。五是家庭经济条件较好。因此村寨里的水井、部分道路都是在他的号召下由村民投钱投劳修建。2000 年以后，作为土医生，其治病地位逐渐被村医和村寨中的另一位西医医生替代，村民对他的需要不再强烈，相应的话语权也降低，此后村寨的年轻人 SF 在各种场合主动出头，想成为村寨的领头人。SF 偶尔履行带头人的职责，但其经济条件和道德素养不能达到独领风骚的程度，因此也未成功。随后村寨中外出务工挣到钱的人开始增多，有钱后人们都互不买账，因此村寨进入了人人都是老大的无领头人状态。2010 年以后，外出务工的年轻人觉察到没有组织不利于村寨的发展，因此他们自发组织了一个小团体，服务于村寨中的大事，主动参与乡村治理，使得 L 村寨有了新气象。但这个团队也出现了问题，即团队中的人喜欢办酒收礼，这也变相增加了村寨人的负担。因为对于在外务工的人而言，回家吃酒不仅要支付路费，更为重要的是还要减少务工收入。传统的道德性乡贤领导力的削弱使得村寨失去了道德领导的牵头人，追逐利益为主的"新乡贤"的出现直接加剧了传统道德的衰落。

第七章　现代乡村道德困境及其重构策略

道德作为乡村振兴的精神要素，是乡村发展的文化和精神基础，是实现乡村振兴和乡村治理不可或缺的基本要素。正如笔者之前已讨论的，影响传统道德的因素包括经济基础、主流文化、学校教育和乡贤文化等，影响因素的改变要求建立与之匹配的道德观念体系。笔者分析发现，L村寨的道德在变迁过程中已出现了相应的道德建设行为，人们也试图在改变乡村，但效果却不尽人意，与"产业兴旺、生态宜居、乡风文明、治理有效、生活富裕"目标之间仍存在较大的差距。接下来笔者主要结合实际讨论现代乡村道德建设的实践探索、存在问题及改进策略。

第一节　现代乡村道德建设的自主探索

笔者在前面已讨论传统道德的产生与发展、传承机理以及发展中面临的困境，当传统道德体系瓦解后，村民已开始意识到传统村寨中出现的很多问题，相应地也针对问题解决进行了实践探索，但效果却不尽人意。

一、村民的自主探索

传统道德衰落后村民已意识到其衰落给村寨发展带来了不良影响，因此村民开始了对道德的现代化自主探索，就目前而言，其探索主要表现在两方面。

（一）赓续互助道德精神

前面我们已讨论过，L村寨人的房屋、道路、葬礼、婚俗等在历史上基本都依靠人与人之间的人财物众筹完成，因此这种互助的习惯至今仍根植人们内心深处。然而自改革开放大家开始外出务工后，由于务工地点的差异导致人与人之间的关系开始疏远，加上传统的很多事情可直接承包给他人解决，也让人们失去了互助精神传习的载体。然而，人们发现了一个非常严重的问题，即人死后没有年轻人抬丧（把装上尸体的棺材抬到山上的墓地）。意识到这件事大约是在2008年左右，当时村寨有位老人去世后，因年轻人都在外务工而找不到人抬丧，据说是去邻近几个村寨找人才凑齐了抬丧的人。这件事让在外务工的年轻人很失面子。2010年寨上又有人去世，因此村寨年轻人聚集起来商量并达成协议，如果村寨有人死亡则大家都回家参加葬礼，埋上山后即回城继续上班，此提议得到人们的赞同，原因是每家都会有老人，都会死亡，也都会遇到抬上山的问题。这是笔者发现的，村民自主道德探索中目前最有意义也真正落实的问题。在此过程中不仅互助精神得到了延续，而且孝的精神得到了升华。同时人们也发现，非葬礼的其他仪式按照传统的时间安排方式，很难有人参加。因为在外务工人员不可能为吃过关酒、建房酒、祝寿酒而停下手中的工作回家，这不仅要损失误工费、路费，且还要送礼。基于上述原因，人们开始把非葬礼的酒席全部放到春节前和春节期间，在外务工人员春节期间都会回家过春节，都能参与此类集体活动，才使得集体活动更像真正的活动。正如前面已讨论过的，尽管很多集体活动被赋予了经济因素而道德性被削弱，但从活动载体而言，至少也证明人们在此过程探索如何维持这种人人参与的集体活动形式。

（二）关心村寨公共设施建设

传统的 L 村寨人对公共设施建设非常重视，修路和修水井都是人们关心公共设施建设的证明，由于 L 村寨属于通公路比较晚的村寨，脱贫攻坚前通公路需要向上级政府部门申请才能获得建设指标。L 村寨人没有人和政府部门之间能扯上紧密关系，公路一直无法修到村寨，因此村寨的年轻人一直试图解决此问题。2014 年左右，村寨的年轻人准备自主筹钱把公路修进村寨。大部分年轻人都参与此项活动，并且已有人开始收钱，但后来因修建成本太高和与个别村民的土地协商尚未成功而停止，这件事至少证明人们还在努力解决村寨建设中的实际问题。2016 年村寨公路基本进村，但只有大型货车才能行驶，小型货车和轿车根本开不进寨子，村寨的包工头 YS 自主掏钱 1200 元请货车师傅装两车砂石填了两个坑，勉强解决了轿车不能进村的问题。2020 年脱贫攻坚的关键期，因脱贫攻坚资金困难，驻村干部倡导大家捐款，村民 YS 捐款 3 万元，ZG 捐款 1 万元，SC 捐款 3000 元，还有部分村民也捐数量不等的钱用于脱贫攻坚。这也反映尽管出门在外，但人们还是希望能为家乡建设做出自己力所能及的贡献，也是热爱家乡道德情怀的体现。

二、地方政府的引导

为解决村寨的环境卫生问题，推动文明乡村建设，脱贫攻坚队在村寨建设过程中也加强了村寨内涵建设，致力于解决村寨的卫生问题和乡风问题，也起到一定的效果。

(一) 村寨环境卫生改造

环境卫生是乡村建设最为基础的工作,由于L村寨属于传统的农耕乡村,住宅建设都留下了明显的符合农业耕种需要的痕迹,居住房屋的侧面和前方建有猪圈牛圈,并且建有储存屎尿的池。同时还建有耕牛吃草的牛塘,耕牛如果不耕地或放到山上吃草,白天则拴在此吃草,牛塘类似于马厩。在很少有人耕种和喂猪的现代村寨,这些设施仍得到保留,每到夏天蚊子苍蝇满天飞,加上难闻的臭味,严重影响到文明乡村建设。由于农耕和农村生活需要很多工具,导致屋内的卫生条件也很差,家什、衣物、碗筷等乱堆乱放也成为文明乡村建设的消极影响因素。为解决此问题,脱贫攻坚队挨家挨户对此进行指导,村民都不太支持。在没有办法的情况下,脱贫攻坚队员亲自带头帮忙打扫卫生、整理家什,但常有村民在旁抱手观望,并且还指挥的现象。就目前而言,除村寨巷道路和村民的院坝在这期间基本用水泥平整外,脱贫攻坚队走后在房屋周边及内部留下的痕迹基本已没有,村民都恢复了原样。

(二) 开展移风易俗活动

现代乡村建设的重要关注点是乡风文明,因为文明的乡风才能从思想上解决乡村问题,为此地方政府组织人员积极开展了移风易俗活动,但整体效果不尽人意。广义而言,村寨卫生环境的改造也属于移风易俗的内容。一是加强乡风文明建设,通过喇叭宣传、贴标语和进村打扫卫生的形式开展公民道德建设活动,但是效果不够明显。二是针对村民违规办酒的问题进行了整治,但是村民总是躲着办酒。尽管村民都意识到办酒的危害,但是只要自己有利益,至于危害就不管了,因此即使在新冠肺炎疫情防控要求明确禁止聚集的规定下,仍有人偷着举办过关酒等违规酒席。总体而言,尽管政府也在努力引导村寨进行道德建设,但是目前尚未形成积极健康向上的良好道德风气。

<<< 第七章 现代乡村道德困境及其重构策略

第二节 现代乡村道德的现实困境

社会转型必将冲击传统的社会体系,成长于传统社会的人不得不接受来自新社会形态的挑战,当人们"面临着变化了的环境,已经不能再用习惯、传统和遗传来寻找答案时"[①],容易对现实产生焦虑。即使在新的社会形态中他们衣食无忧,享受着现代文明带来的舒适生活,但其心理上难免有空虚感与无方向感,因为他们不知道现代生活带给他们的精神归宿在何方。L村寨传统道德式微后人们同样面临着这样的困惑。这种困惑主要表现为在现代乡村社会,传统道德的影响力正在消失,新的道德体系尚未建立且未深入人心,加上乡村中缺乏德才兼备的现代乡贤的引领,从而导致人们陷入道德的迷茫状态。笔者认为L村寨道德建设的现实困境主要表现为下列四方面。

一、乡村建设组织者号召力偏弱

(一)村干部道德示范力不够

乡村干部是现代乡村的主要建设者,但这个群体的道德号召力较差,在治理过程中难以服众。由于乡村精英的道德失范,村民们怨声载道,但因无法找到更合适的人选也只能"凑合",即使有合适的人选,其可能也不愿卷入争当精英的纷争中。我们这里所言的乡村精英即村干部。针对这些乡村精英道德失范的问题,笔者咨询过政府相关管理人员的意见,他们认为L村寨近年来的村干部都达不到他们的理想要求,但

---

① [英]弗兰克尔. 道德的基础[M]. 王雪梅,译. 北京:国际文化出版公司,2006:102.

实在无法选出更合适的人，因此只能"将就"培养。在上一章我们讨论过，在外务工挣到钱的部分年轻人正在试图为乡村治理出力，但因其常年在外，实际上真正承担乡村治理责任的仍是村干部。

20世纪90年代，因为计划生育政策遭到村民的抵制，导致政府与群众之间的关系很紧张，而充当村民与政府连接者的村干部自然成为群众痛恨的对象。加上那个时候村干部待遇差，很少有人愿意当村干部，因此在那个时代愿意且能当村干部的人必须是能在政府和群众之间做好协调工作的村民，他们必须道德高尚，有公心，能协调好村寨中各家族之间的关系，并且还要能经得起村民的辱骂。如邻村的GW因当村干部未处理好村民和政府的关系，而被村民砍成了重伤。所以人们根本不愿意当村干部，当然也就不愿意承担引领各村寨建设的重任。大约在2000年，L村寨所属的村开始选村干部，终于有位高中毕业的年轻人WF选上了村主任，也是历届村干部中文化水平最高的村主任。由于当时新农村建设政策开始启动，村寨开始修公路等，据传WF有贪污嫌疑，因此在担任两届村主任后自动离职去做销售，后来回来竞选过但未竞选上。WF之后，村民选举出DG担任村主任，但其不仅在村民前摆架子，并且开个证明都希望村民给其送财物，因此担任一届后离职。下一任村主任是DT，此人年轻且是有乡村建设情怀的人，但是他常年在外偷盗，并且多次被劳教，其如愿当选不满一届就自动离职，因为他觉得村主任合法收入太少不够他养家糊口。WG是DG时候的副村主任，后来被选为村主任，总体而言其协调能力较好，但其问题是与周边多个女性有染，名声极其不好。加上脱贫攻坚的相关建设经费较多，据传其贪污不少，但无证据证明。村干部作为现代乡村建设的组织者、协调者和领头人，其道德形象差会影响到乡村道德建设，也影响到乡村道德认同和人们对主流道德价值观的误判。

村干部下是寨子的组干部，历史上称之为生产队长，后来称之为组长。组长是与村民接触最多的基层干部，他们的待遇很低，L村寨近十年来没人愿意当组长，因此现在是两个小寨合并后另外寨子的组长代理。笔者曾经对之前当过组长的人进行过访谈，他们认为当组长收入很低，但是还要按照村干部的要求做事，这势必会触碰寨民的利益，从而影响自己与左邻右舍的关系。因此后来的年轻人都不愿意当组长。可能是受到村干部的影响，L村寨的组长在处事风格上与村干部极为相似，据传其利用手中的权力参与农业生产基地承包，同时也与村寨中的多位女性有不正当关系。

尽管关于村干部行为的判断没有证据，这些传说至少证明村干部作为乡村建设的领导者，他们在村民心中的道德地位低下，从而造成工作开展过程中村民对村干部的抵触。即使村干部本身出于公心要建设好乡村，但其道德形象使村民难以相信他们。因此笔者认为村干部的道德号召力比其他能力更为重要。

（二）村寨精英道德引领力不够

村干部是政府在基层社会治理中的代言人和政策的落实者，他们的道德失范直接影响到村民对其工作目的的怀疑，进而会影响村民对地方政府的信任。除此之外，村寨中还有两类算得上精英的人，他们也理应承担乡村道德建设的任务，但就现在来看，其道德建设的引领功能并未有效发挥。村寨中主要有两种精英。一类是通过上学考上大学并在机关事业单位工作的人，他们通常文化素养和道德水平较高，能成为乡村道德建设的引领者。二是外出务工经过多年的打拼而积累了一定财富的人，尤其是在大学毕业不再分配工作的时代，他们对村民的影响力更大。就目前而言，L村寨两类精英的道德引领力都不够，尚不能引领村寨完成良好的道德规范建设。

村寨自20世纪90年代以来在机关事业单位工作的人，最多的时候有9人，后来有1人辞职经商，现在只有8人，工种分布以教师为主，只有2人分别在国企和政府部门工作。此类人既接受过国家正统的道德教育，也对传统道德有深刻的理解，同时他们能针对国家政策的变化对道德发展方向提出自己的见解。然而，他们在村寨的道德建设中目前处于可有可无的状态。主要原因有三个：一是他们常年在外工作，每年回家也就2到3次，很难和村民交流与合作，甚至沟通都很难找到话题。二是他们作为体制内的人，村民误认为其思想和行为都是维护官方利益，而不会关照其他村民的利益，因此村民会从内心抵制他们。三是他们的户口已迁到城市或工作单位，从户籍上看他们本身已不是村寨的人，因此村寨的人经常以看待外来人的眼光看待他们。

村寨中的经济新人是人们崇拜的对象，尤其近十年来，村寨中涌现出一批在外面包工挣到钱的人，因为其财富来源于包工，并且村寨大部分人都是务工，在人们看来这些人才是真正值得大家学习的榜样，原因在于人们认为他们的成功可以模仿或复制。因此人们从内心深处认为这些经济新人值得他们尊重和仿效。此外，此类人在外包工需要工人干活，村寨中的年轻人本身也是其工人，或者说他们偶尔也互为工人和老板，所以他们之间形成情感上和经济上的依赖关系。目前来看，L村寨在经济上形成"一强一大"的财富分布格局，"一强"是YS，他曾经是包工头，现在是矿山老板，"一大"是YQ等几兄弟，他们现在是包工头。YS经营矿山，所以与村寨其他人之间已没有了雇佣和领头关系，尽管其也常和村民相聚，但人们与他之间的关系较为淡薄。YQ等几兄弟因还在从事包工工作，因此其与村民的关系相对更近。他们都属于暴发户，本身在道德积淀上较差，因此从根源上他们难以成为道德的奠基者。从目前来看，他们除偶尔干预村寨中的主要基础设施建设外，更多是带领村寨的人打麻将，换新车和豪车，回到村寨里就吆喝大家吃吃喝喝，这显然对乡村道德建设不利。

（三）基层建设组织者号召力不够的原因

前面已经分析过，基层建设组织者主要包括村干部和村寨中的新精英力量，前者可能在选拔上更多考虑的是政策执行能力和其是否违法。后者不是选拔出来的，是自己通过努力塑造了自己的形象。无论是前者还是后者，道德都不是他们的强项，他们不具备传统社会中的族长或头人的道德影响力，在道德上不能服众。传统社会中的乡村精英即使财富影响力减弱或者是家族势力减弱，或者说他们不再从事村民们有刚性需求的职业，人们也会依旧视其为道德的领衔者，其道德影响力不会减弱。但就现在新乡村精英而言，他们的影响力随着其权力和财富地位的降低而被人们淡忘。如曾经整个片区的包工头首富TL，20世纪90年代初已用上大哥大，回到地方呼风唤雨，随着其财富的消失现在已无人相信他。又如曾经的粮站工作干部MH，村民交公粮和卖油菜籽都是他负责，因为他拥有的权力并且村民的需要，在20世纪八九十年代其影响力较大，但其被撤职后再也无人理他。号召力不够的根本原因是道德形象尚未真正树立，因此树立良好道德形象，提升乡村组织建设者的道德素养是乡村建设必须思考和关注的问题。

二、政令性道德规范的悬浮

自脱贫攻坚开始，地方政府派驻干部到村寨领导村寨建设工作，在建设过程中针对村寨的问题出台了相应的制度，并要求村民遵照执行。就近几年的情况来看，相关制度在当地很难落实。要么是村民根本不理睬，要么是他们和村民玩躲猫猫。笔者接下来主要从两方面对此展开论述。

（一）禁止类制度难落实

传统道德属于内生性道德，源自L村寨社会的真实需要。传统道德的失效使得L村寨产生了道德的"真空"感，因此为维系社会的正常运行，地方政府成为道德重建的主导者，通过系列的行政手段来规约村民的行为。笔者把这种基于政府的道德规范称为政令性道德。就现实而言，政令性道德作为外铄式道德，始终难以真正为村民所吸纳与内化。接下来以"禁酒令"与脱贫攻坚中部分村民的行为来说明此问题。禁酒并非指禁止喝酒，而是禁止乱办酒席。前文已讨论过，乱办酒席已在当地造成不良的社会影响，因此政府出台相关规定，除婚事、丧事、符合规定的寿礼外，禁止村民办酒席。"禁酒令"的目的是禁止违规办酒席收取礼金，建设良好的道德风气。办酒席是传统L村寨社会的常态，红白喜事与修房建屋等对于村民而言较为重要的事情村民都会办酒收钱。办酒收钱在传统的L村寨根本不是目的，因为通常都会"亏本"，但是红白喜事与修房建屋这种事不是某户人家能单独完成的，而需要全体村寨人的帮助。红白喜事与修房建屋属于L村寨传统的大事，大家约定俗成都要摆酒席庆祝，参与庆祝的亲朋都会带上食物与钱等"礼"表示祝贺，同时也减轻办酒人的负担。随着L村寨外出务工的人越来越多，经济收入的提升使得红白喜事与修房建屋都不再是难事，与传统摆酒的"亏本"相比，现在摆酒基本是扭亏为盈。失去传统道德规约的人开始把摆酒当作增加收入的渠道，因此很多人开始巧立名目摆酒收礼。传统社会不能办酒收礼的过关礼成为收取礼金的重要渠道，村民建房通常也是每升一层都要办一次酒。稍微较大的村寨中，很多村民从农历冬月一直吃酒席吃到春节结束。为纠正这种不正当的风气，地方政府多次下达摆酒规范，但违规办酒席仍未得到有效禁止。

如2020年政府明文规定不允许办建房酒，AQ因建房欠了债所以想通过办酒席收礼金用以还债。他不顾政府的禁止,向亲朋好友发信息通知其前来吃酒席。政府对吃违规酒席的人也有处罚,因此没有人敢前来吃酒,但是都把礼金以隐秘的方式送给他。此后政府工作人员前来处罚他,据说其从房顶跑进后山逃走。又如2022年春节期间是新冠肺炎疫情防控的重点时间,地方政府也明令禁止举办任何酒席,春节前已定好日期的全部酒席都按照要求没有办,但是部分村民利用春节期间驻村干部放假的空档期,偷偷举办酒席,甚至还有一位村民给其老母亲办"过关"酒。

笔者调查发现之所以出现这种情况,与当地的村干部密切相关,因为村干部自己也默许他人违规办酒。2019年当地政府就出台了违规办酒制度,当时的村会计给孩子办过关酒同时收礼金,还把主要村领导请到现场,表面上没有摆桌子收礼金,实际上是在内屋偷偷收礼金。2020年主要村领导的干儿子要办过关酒并且收取礼金,村领导现场组织了此次酒席,据传其干儿子本身是其亲儿子。逐利之心人人都有,邻近有很多村禁酒令落实也比较成功,L村寨为何无法落实,村干部的表率未做好是重要原因。

(二)服务类政策难得到配合

服务类政策在某种意义上来看,本身就是给村民送福利,但这在L村寨很难得到村民们的配合,村民认为每项政策后面都设有陷阱,因此其宁愿保持落后的原样也不愿意改变自己。笔者主要用两件事来佐证服务类政策难得到配合的现象。

首先讨论脱贫攻坚政策中村容村貌等乡村文明建设工作,扶贫干部通常做此项工作有三种方式。一种是给村民做思想工作和提要求,同时为他们整治村容村貌免费提供必要的材料,如水泥、砂石以及工具等。如果这样行不通,扶贫干部就采用第二种方法,即亲自动手做,要求村民一起来做。如果村民还不愿意参与，扶贫干部只能采用第三种方法，就是扶贫干部代替村民做，希望能感化村民。第一种方法要求村民配合，第二种方法要求村民比较配合，第三种方法是没有办法的办法。笔者调查发现，L村寨村民在脱贫攻坚中的表现极差，不仅不配合，更要阻止扶贫干部工作，在组织的同时还死皮赖脸追着扶贫干部要钱。据扶贫干部描述，在L村寨村容村貌整治工作中村民极其不配合，后来扶贫干部自己掏钱请村民将自己的环境卫生整治好，同时扶贫干部自己也要动手做，但村民们都嫌给的工资太低而不做。按照脱贫攻坚政策的要求，家庭子女有汽车者不能享受最低生活保障补助，村寨有几位村民因子女有车而不能享受最低生活保障，因此还去上访。

其次讨论村寨通公路的问题，从L村寨中间横穿的村道至今仍是未硬化的毛路，之所以出现这种情况也与寨子上的部分人有关。在修路过程中，部分村民所持的态度是公路要从自己的土地或者房屋边过，但是不能占自己的房屋或土地。经过多次协商和改道，最后终于按照现在的路线走。施工方用挖机把毛路挖通以后，其中有位村民在道路最急的弯道处修建了房子，导致中型的砂石运输车没办法通行，施工方便不愿意继续硬化此条公路。

在与L村寨很多素养与觉悟较高的人的交流中，他们都认为这种情况要是放在传统的L村寨社会，有干部组织，有国家投钱帮自己整治环境卫生，人们通常就两种心态。一是积极配合，主动做事，不会让干部帮忙做。因为他们认为这是自己的事，干部来相当于是客人，哪里有让客人帮自己做事的道理。二是在干部来之前把环境卫生与家庭内部卫生尽最大可能做好，因为他们认为自己家庭卫生不好是丢脸的事，传出去不仅名声不好，甚至还会影响子女的婚姻。然而，现代的部分L村寨人已开始变得"不要脸"，甚至把干部帮其整治环境卫生当作荣耀。

(三)政令性规范难落实的原因

之所以出现政令悬浮的情况,笔者认为主要基于六个原因。一是政令性道德未触及村民内心的"痛点"。村民内心的痛点主要包括金钱、面子与子女,国家脱贫攻坚的根本目的是解决居民的收益问题、面子问题与子女教育问题。在政策推动过程中我们更多是"给予",给予当然能帮助村民解决痛点问题,但是在给予的过程中缺乏相应的对村民的惩罚性措施,而只有对驻村干部的"惩罚"措施。结果村民常抱着事不关己的态度。反正我不想做,你们要帮我做就做,不做最后被惩罚的不是我而是干部自己。二是政令性道德规范在推行前并未做实际论证,即此类政令性道德是否真的是村民所需。地方政府在此过程中主要采用的是传统"家长式"的做法,即我想让你做什么你就得做什么。这容易使村民产生敌对心理,甚至认为是给自己设了套。计划生育政策推行期间官民矛盾较大,村民内心深处形成了政府总是对村民不怀好意的错误的刻板印象,所以很多政策在L村寨容易遭到抵制。三是L村寨处于行政村的边缘,村寨中从未有人担任过村支部书记或村主任,历史上村民们基本未得到过村干部的关照,在各种政策推行中他们总认为自己是被修整的对象,这也是抵制政令性道德的原因。四是政令性道德切入方式不合理。道德需要内化才能产生实效,因此相应的道德规范需要与人们现有的生产生活方式深度融合,构建相应的载体,这样道德才能真正为村民的生产生活服务。现有的切入方式仍有"灌输"的嫌疑,短时间内难以被村民接受。五是村民本身对政令性道德有抵触情绪。政令性道德的主导者是政府,但是L村寨人对政府有潜在的敌对情绪。六是村干部的不良道德口碑,由于村干部口碑不好,村民在潜意识里认为其不是好人也不可能干得出好事,所以对村里的规定村民也会自觉与不自觉地抵触。

三、村民逐利之心的失界

道德本身是有边界的，边界范围内的道德是善德，边界以外的道德属于恶德。善德需要加以宣传与发扬，恶德需要惩罚与遏止。现实生活中法律具有明显的边界，因为有法律条文限制人的行为，越界即犯法。道德范围更广，部分行为只停留在道德层面而不触及法律的边界，而违法的行为通常都属于违反道德的行为。L村寨传统的道德体系中具有相对明确的边界，这种边界是约定俗成的，但是很难明确界定，即使是道德的忠实维护者也难梳理清楚。遇到具体的行为，村民都有近乎共同的认识，还能找出类似的案例加以佐证。那么这种道德边界是谁来维护的呢？传统的L村寨道德边界的维护者是村民集体的舆论或者直接的质问与谴责。因为违反道德的舆论评价尽管不能带来直接的经济损失，但是可能让子女甚至家族在婚姻、人际交往中付出相应的代价。然而，随着经济基础的改变，外来文化的冲击以及乡贤文化的衰落，L村寨传统的道德边界已失去效用，现代的道德边界尚未建立，同时法律又不能直接控制不道德但是未违法的行为。从而使得L村寨陷入了现代无道德边界的迷茫中。这种无道德边界主要体现在对利益的追逐过程中。接下来我们列举三个无界限追求利益的案例。

（一）传统礼仪的目的变异

传统礼仪本身属于道德礼仪，人们在履行传统礼仪的过程中不是出于经济目的而是出于成长、成人或消灾的目的。而今传统礼仪的道德性被极度弱化，同时被追加了直接的经济收益。具体表现在礼仪的主办者和施行者两方面，主办者是普通村民，其目的是收钱和渡劫，施行者是先生，其目的是收钱和帮人渡劫。比较典型的礼仪有"过关礼"与"寿礼"。

传统的"过关礼"通常是小孩以及少量的成年人,成年人"过关"通常是因为人生中遭遇到重大变故。传统的过关礼是祈求神灵,以自己的诚心打动神灵让神灵帮助人渡过难关,过关通常是在夜晚进行,天亮结束,除少数几个帮忙的人以外,其余的人会到过关的人家里要,通常吃完夜宵后陆续回家休息,在此过程中主人不收受任何礼金礼品。然而,现代的过关礼已变异,成为收礼品礼金的借口。名称上从原来的过关礼变为了过关酒,时间上从原来的一个晚上变成了两天,从原来的村民只吃夜宵到吃两天,从原来的不收礼金到现在的明确收礼金。与红白喜事必须要有人结婚和死亡不同的是,过关礼的举办在很多时候直接是随口说,因此出现过一户人家今年儿子过关,明年大人过关的情况。由于人们科学文化水平的提升,实际上很多人对传统过关消灾的观点已不再认同,但是为了通过过关礼收取礼金,人们开始对过关礼假认同。既然对过关礼中的原本价值不认同,消灾还在举办过关礼,其意图和目的非常明确,即借过关礼收取礼金。从目的的角度看,可视为不择手段追逐利益的典型。就现实而言,办过关酒已给当地村民带来了沉重的负担,这也是地方政府禁止办过关酒的原因。

"寿礼"通常是六十岁及以上的老人满整十岁的生日才举办,需要请"先生"到家跳"傩戏"并诵经,此外直系亲属需携家族成员到场祝贺,送上衣服与鞋子等。跳"傩戏"与诵经的目的是代寿星向神灵表示感谢,感谢其赐予自己健康长寿以及对自己过去生产生活的帮助,同时也表示祈求,祈求神灵继续帮助自己健康长寿以及自己的家人后代平平安安。与过关礼相同的是现在寿礼已变成收取礼金的借口,在20世纪人们也举办寿礼,因家里人高寿所以要办酒庆祝,到场祝贺的人只送衣服和布匹,如果要收钱,老人肯定不允许,因为老人认为不能用自己来卖钱,但现在不同的是寿礼和红白喜事一样都收礼金。更为严重者，可能 59 岁办一次，60 岁办一次，或者 61 岁再办一次。由于人们没有原则地办生日酒，当地政府明确只能满整十岁的时候才能办酒，并且办酒要在政府备案，但这仍不能阻止村民肆意办生日酒收礼金的情况出现。

现在主持传统仪式的先生的行为也开始失界，也许在传统社会中，其主持仪式还受到其师傅师祖流传的行规的制约，现在他们也成为利益的追逐者。如稍微有钱的人家遇到灾难确实要请他帮忙渡劫，先生会随意给对方设计项目。如曾经村寨中有人在建筑工地去世获得赔偿款 100 万元，此家人请先生 ZM 帮其测算到底有何鬼神，ZM 给对方列举十来个敬神项目并收取万余元的工钱。又如传统社会的葬礼，尸体通常在家停放三到五天即下葬，现在因为有冰棺且有能力支付先生的工钱，尸体在家停放十来天甚至半个月的情况较为普遍。在传统社会中，仪式只需要公鸡、猪头、羊头等和少量的仪式钱（1 元 2 角、12 元和 120 元），现在除需要原来的财物外还需要 200 元 1 天的工钱。从这里可以看出，传统仪式的经济性已超越了其道德性。

（二）巧立名目举办酒席收取礼金

过关酒席和寿礼酒席的举办实际上也可归为巧立名目办酒席收礼金的范畴，但是我们在前面主要是从道德性的视角讨论，这里笔者主要从建房酒席和多兄弟举办寿礼和丧葬礼的角度讨论人们收取礼金的现象。

传统的 L 村寨中，建房是人生中的大事，因为很多人一辈子根本建不起房，所以要家庭底子好且勤劳的人才能建得起房屋，通常建房要办建房酒。房屋建好后，家庭条件好的情况下，经过多年的努力房屋全部装修结束后要办定门酒，相当于办装修酒。传统社会经济条件差，很少有人能把房屋装修好，因此很少有人办定门酒。近年来由于经济的发展和交通条件的改善，新建房屋的人越来越多，因此村民办建房酒较为常见，这本无可厚非。但问题开始出现，一是房子增加一层即办一次酒，甚至出现过一栋自建房办三次酒的情况。如房屋地基修平整后，砌上砖则办酒收礼金，收到礼金后盖上水泥板，过两年在上面加三米左右的砖继续办酒席收钱，收到钱后继续盖上面的水泥板。有的人建好房即办酒，装修完也要办酒。由于建房的人本来就比较多，因此大量的建房酒使得很多没有建房的村民苦不堪言，但是碍于邻居的面子大家也要去帮忙吃酒。二是假借购买商品房办酒，有的人回老家对村民说在城里购房了需办建房酒，但可能真实情况是没有买房。

多兄弟办酒收礼主要表现在老人的葬礼或寿礼上。传统的寿礼通常由其子女中的一个人承办或者过寿礼者自己承办，谁承办谁收礼金。现在的情况是如果老人膝下有多子女，办寿礼通常由子女办，且在寿礼现场每个子女都摆一张桌子收礼金，村民和直系亲属参加寿礼需要随多份礼金。葬礼也是同样，传统社会中葬礼通常由子女中的一人承办，即使几兄弟共同承办，参加葬礼者也只随一份礼金。现在的情况是大部分都由子女共同承办，参加者要随多份礼金。

(三) 村民逐利之心失界的原因

传统农耕社会的基础是自给自足的小农经济，很多L村寨家庭连基本的粮食保障都成问题，加上没有出去挣钱的机会，人们的经济意识相对较弱。人们对利益的追逐方式是努力干活，目的是多收粮食，然后卖掉多余的粮食以换取其他生活物资。因此传统社会中，人们不仅很辛苦，更为重要的是利益获得也很艰难。然而在现代社会，生活条件有了明显的改善，背后的原因是钱，不仅钱能解决很多问题，并且钱比较容易挣。为了钱，人们开始抛弃传统习俗的束缚追逐利益，在利益面前传统的道德规范完全不值得提及。如村民ZY七年内在贵阳生了五个孩子，办了五次满月酒，并且回家办了一次建房酒。以每次办酒纯获利

2.5万元计算，7年从办酒上收获15万元。如果仅凭借打工，且还要养活一家人，很难在7年之内挣到15万元。对于大部分L村寨人而言，因为其办酒少，每年的礼金成为沉重的负担，对于少数长期办酒的人而言，礼金却成为收入。在利益面前，人们置政府的禁酒席规定于不顾，甚至在新冠肺炎疫情防控期间也顶风"作案"。因此当地人戏称"要想有，常办酒；要想富，做事务"。

之所以出现这种不道德的逐利行为，可能也与村寨中尚未有人遭到处罚有关，因为没有受到处罚，所以人们总是存在侥幸心理。如2020年，L村寨附近的T寨顶着新冠肺炎疫情防控压力办酒，主人和送礼者都遭到处罚，礼金被没收，同时还被罚款，因此2022年T寨有人结婚都没办酒，只有寨子内部的人参加婚礼。笔者认为必要的处罚可能是禁止此类行为的重要手段。

四、不良社会风气蔓延

"社会风气是社会上或某个集体内流行的爱好、习惯、传统、想法和行为，在一定时期和一定范围内竞相仿效和流传而成为一种风气。"[1]任何社会都有风气，离开风气的社会不存在。风气代表着价值取向，良好的社会风气代表着正确的、积极的价值导向，不良的社会风气代表着错误的、消极的价值导向。传统的L村寨尽管经济条件较差，但民风淳朴，风气良好。改革开放以来，L村寨整体经济条件变好，但是不良风气却蔓延。

（一）赌博之风盛行

赌博不是L村寨片区特有的社会现象，这种现象在乌江流域的土家

---

[1] 上海社会科学院社会学研究所. 社会学简明辞典[M]. 兰州：甘肃人民出版社，1984：234.

族聚居区都较为常见。L村寨片区的赌博主要包括两种类型。一种是常规性赌博，俗称"赌宝"。每到赶集的时候L村寨的小集市上开设临时性赌场，主要形式有"碗碗宝"与"划船"两种。前者是手工旋转两枚铜钱，然后用碗盖住，猜单双。两个铜钱两面同时朝上或朝下是双，一面朝上一面朝下是单。押宝是10元起步，上不封顶。后者是参与者每人发三张扑克牌，各自看牌后根据自己的预测押宝，10元起步，上不封顶。赌博使得部分留守妇女常年不干家务，不管孩子，已造成较为严重的社会影响。尽管派出所多次抓赌，但因L村寨特殊的地形，派出所人员只要进入L村寨地界都能被发现，赌博人员即马上疏散。另一种是特殊场合的聚集性赌博，只要是春节期间或者红白喜事等酒席现场都开展赌博活动。这种赌博活动娱乐性更强，年轻人以麻将为主，一天输赢通常为2000元左右，老年人主要是打"勾鱼"，算不上赌博，一天下来最多输赢100元。春节期间主要以小金额赌博为主，偶尔也会组织金额较大的赌博活动。2022年春节期间，村寨中麻将机数量有10台以上，因此主要以打麻将为主，其他赌博形式很少见。赌博不仅败坏社会风气，更为重要的是影响了未成年人的健康成长。

（二）扭曲的炫富之风

传统的L村寨主要是自给自足的经济类型，由于人均自然资源可用量偏少，致使人们经济条件普遍较差。改革开放给L村寨人带来了发家致富的机会，很多L村寨人以传统的吃苦耐劳、不畏艰难、诚实守信的道德品质，积累了一定的财富。很多人"咸鱼翻身"后信心爆棚，L村寨刮起了扭曲的炫富之风。一种是争相修房，比谁家房屋的楼层高、装修豪华，举债建大房子的人很多。据砂石运输驾驶员描述，L村寨80%的人都是举债建房，每位驾驶员帮助村民赊欠的砂石水泥钱尚未回收的都在20万元以上，因此现在很多货车驾驶员都不愿给村民运送砂石。

另一种是放烟花爆竹炫富。外出务工人员春节期间回到家，为证明自己衣锦还乡，烟花爆竹成了其炫富的方式。主要包括在家里放与在坟山放两类。前者通常是正月初一凌晨开始，比谁放的时间长。后者是杀羊给祖宗"上坟"，免收礼金宴请村民吃饭，同时放烟花爆竹。据 GC 所述，他家去年"上坟"，仅烟花爆竹就花掉 5 万余元。

（三）"包生机"之风盛行

"包生机"是 L 村寨的传统习俗，指老年人为了让自己死后有个体面的"坟"，50 岁以后便请阴阳先生为其选择墓地并在确定的墓地上建好墓碑，墓碑后面用 1.5 米高的石块砌个方形盒子，墓碑前雕刻一堆石狮子，并做好石头桌子与香炉等，人死以后其子女即把其埋葬在墓碑后的石头盒子里。传统的 L 村寨经济条件差，只有极少数人有能力"包生机"。近年来 L 村寨经济的好转使得老年人在吃饱喝足的同时，希望死后也有个好的归宿。因此 L 村寨掀起了"包生机"之风。大量的稻田与成块的耕地都被生机占领，如 DY 夫妇的生机占地面积达到 400 余平方米。[①] 2019 年为纠正这种不良的社会风气，地方政府给每座生机拨付 3000 元的经费要求强制撤除，L 村寨村民成立了多支生机撤除队，但都是撤开放倒而已，硬化的水泥地都未恢复。就修建生机的成本而言，每座生机至少要花掉 15000 元，其中不包括阴阳先生的工钱，以及花掉的食物酒水和烟花爆竹等费用。调查发现，L 村寨人之所以盛行包生机，一是因为传统的信仰；二是经济条件好转；三是大量耕地闲置。尽管此次撤生机从形式上打击了包生机的行为，但是 L 村寨人仍旧认为这只是暂时的禁令，他们坚信等这股风过后再去把生机立起来不会有

[①] 该生机耗资大约 15 万元修建，由于主人要保证拆除后不损坏石料，还能恢复，因此拆除工作极为艰难，2020 年 4 月拆迁人员 ZX 被砸成颅内出血，花费医疗费 5 万元。

人管。

（四）不良社会风气形成原因

社会风气是社会文化的整体反映，社会风气是人们世界观、人生观和价值观的反映，其形成受到多种因素的影响。基于对L村寨整个社会变迁的考察，笔者认为不良社会风气的形成主要源于四方面的原因。一是村民现在有钱。传统社会中，人们的主要收入来源是粮食、油桐和乌桕等，人们手里很难有闲钱，所以类似赌博的活动是打牌输烟，并且打牌输烟的情况也很少见。改革开放以后，村民逐步富起来，因此才有了闲钱用于赌博、炫富和包生机。二是村民日子富起来无法驾驭财富。传统社会是勒紧裤带过日子，现在突然能挣钱了，尤其是手里的余钱多了似乎没有花的地方，就把钱用来建房、包生机、放烟花爆竹和赌博。三是道德建设很难落地。为了纠正这种不良的风气，地方政府也做了很多工作，但是效果不明显。如经常到集市上抓赌，并且有人被拘留过，但部分赌博组织者屡教不改。四是道德建设阻力大。尽管村寨的人都知道包生机是浪费资源，但是因为人人都在包，所以大家也跟着干。针对包生机，脱贫攻坚队组织过生机拆除工作，但在最后1户人家被卡，最后还赔偿3万元平息此事。脱贫攻坚队要求其自主拆除但主人拒绝拆除，此后由脱贫攻坚队请人拆除，据传此户人家有个儿子在高校任职，写材料告到省政府，省政府要求地方政府处理此事，最后地方政府赔偿3万元才平息此事。如果村寨道德建设中利益相关者意见不一致，村寨道德建设难以真正落到实处。

第三节　现代乡村道德建设构想

传统道德受制于特定历史时期环境、生产方式、语言与文化教育等影响，具有天然的局限性。[①] 因此随着社会变迁，基于传统社会的道德也需要做出相应的调适，否则社会发展可能会失去道德的引领和护航。笔者以 L 村寨为例，主要分析了 L 村寨道德的产生与发展，道德的作用机理以及传统道德式微的表征及其原因，在传统道德失去其效用后，L 村寨的道德建设面临着新的困境，影响着村寨的良性发展。基于此，这里主要从下列四方面提出道德改进的构想，也期能为同类村寨的道德建设提供借鉴和参考。

一、重构村寨治理的德治基础

社会治理主要包括德治、人治与法治三种。德治的基础是道德，是基于社会实际需求以道德为依托建立社会治理体系，违反道德者会受到群体的舆论谴责，同时也会产生隐性的经济或人际损失。人治是强权治理社会，是传统丛林法则在社会形态中的变异，其社会运行依靠强者的意志。法治是以法律制度治理社会，法律面前人人平等，凡违反法律者无论何种身份地位都会遭到同样的惩罚。三种社会治理形式各有利弊，德治属柔性治理，社会张弛有度；人治属于强权治理，社会结构层次分明，阶层差异大；法治公平公正，但人与人之间可能缺乏温情。因此最理想的社会治理形态应该是以德治为基础，法治为保障。德治关注的是

[①] 索晓霞. 传承与超越：对少数民族文化的理性之思 [M]. 贵阳：贵州人民出版社，2015：108.

民众生产生活中的琐碎之事,目的是规约日常生产生活中琐碎的思想与行为。法治尽管关注的也是居民的生产生活,但其关注的不是琐碎之事而是较为严重的社会问题。德治属于内部的自治,法治是源于外力的他治。

传统的L村寨事实上也属于以德治为基础,以法治为保障的治理模式,生产生活中琐碎之事通常在L村寨内部以道德规范为依据解决,达到刑事犯罪层面的问题由法律来解决。对于相互依存才能生存与发展的L村寨而言,尽管冲突常有但上升到需法律解决的问题毕竟不多,因此道德是传统L村寨最为重要的维持力量,它以若隐若现、碎片化的形式融于人们日常生产生活之中,影响着人们的思想与行为。反过来L村寨人的思想与行为中总携带着L村寨的道德元素。改革开放在改变L村寨经济基础的同时,也开拓了人们的视野,提升了人们的素养,尤其是增强了人们的法律意识,增强了法治的力量,但却削弱了传统德治的力量。从深层次考量发现,L村寨祖先建立起来的德治基础已动摇,法律已成为人们行动的指南,很多人的思想与行为开始越过传统道德的界限,但其不触犯法律。现代L村寨人对那些过度追逐利益的人的行为的解释是:人家还要去偷去抢,摆酒收钱不犯法,至少比偷抢要好。传统道德力量在L村寨的逐渐消解使得L村寨人的思想与行为逐渐失去正确的引领,法律适用的依据是造成相对严重的人身伤害或经济损失,因此对民众常规的生产生活行为的影响力不够。以传统L村寨的道德运行体系为参照,立足于L村寨人当下的生产生活实际,重构社会治理的德治基础是L村寨现代道德建设的未来走向,也是落实乡村振兴战略,提升乡村治理水平以及民众幸福感的必然需求。

现在的L村寨与传统L村寨的本质区别是经济来源的渠道和方式发生了重大变化,从传统的农耕经济转向了以打工经济为主的经济模式。

打工经济使得人们对当地自然环境的依赖程度减弱,甚至村寨只是打工人心灵的栖居地,所以现代乡村道德建设要紧密结合打工人的特点展开,否则道德建设也可能难以落地。按照乡村振兴的规划,乡村要成为人才的聚集地,但是对于L村寨这种人多地少、山多土少的村寨而言,村寨很难提供留住人的产业。L村寨曾经探索过黄花种植、辣椒种植、花椒种植等产业,但最后都以失败告终,因此在无法留住人或者吸引人的L村寨,其道德建设的思考目前只能从打工经济出发探索村寨的德治基础,既不能完全否定和抛弃传统道德,也不能全盘移植现代城镇的道德治理模式。

现代L村寨的道德建设首先需从认知入手。一是肯定传统道德的价值。传统道德是传统社会运行的基础,尽管其可能存在落后的一面,但在传统社会体系中其价值不置可否。传统道德产生的基础是L村寨传统的经济基础,反之它服务于传统的经济模式。终极目的是建立稳定的社会秩序,使得人们都能在有限的资源中获得生产生活资料。从我们对传统道德的剖析中发现,L村寨的传统道德的确在传统的以农业社会经济为基础的社会中发挥了重要的作用。因此其固有的价值毋庸置疑。二是肯定道德在现代社会建设中的价值。从脱贫攻坚、乡村振兴以及社会治理等系列政策出发解读道德的重要性,道德是乡村振兴与脱贫攻坚以及现代社会治理中的精神要素,缺少道德支撑的乡村建设是不完整的乡村建设,且乡村建设的目标也难以实现。三是明确现代道德建设的方向。现代道德建设需要以现代L村寨的经济为基础,借鉴传统道德中的积极因素,融合现代公民道德规范与法律常识。

道德情感是个体道德行为的内心体验,可能是积极的体验,也可能是消极的体验。积极体验有助于增加同类行为的频率,消极体验则会减少或不会再现同类行为。成长于传统L村寨的人都或多或少地留存着源自传统道德的积极体验,此类积极体验可能随着社会的变迁已不存在或者已成为消极的体验。人在心理上总会对已失去的事物进行回忆性认同,而L村寨人口中半数以上的人都在传统道德体系中成长,因此立足于传统道德体系重构德治基础本身具有情感基础。此外,追求美好生活与建设自己的家园是人本能的追求,也是很多L村寨人的情怀,因此道德建设需要充分利用这种积极的因素,让人体验到道德情感的积极性。

意志是人自觉地确定目的,并根据目的调节支配自身的行动,克服困难,去实现预定目标的心理倾向。道德意志指人根据预定的道德行为目标,克服困难,坚持不懈地实施某种道德行为的心理倾向。成长于传统L村寨的人生产生活条件极为艰苦,他们都具备强烈的战胜困难的意志。在现代道德体系的构建中需充分发挥传统道德体系中的意志要素,激发乡村居民艰苦朴素、不畏艰难的精神,奠定乡村建设的道德基础。

二、重建乡村道德的运行机制

L村寨的道德失效是社会失范的主要原因,通过分析发现传统的道德之所以能有效地规约L村寨人的思维和行为,主要原因在于它以经济为基础,形成了较为完善的系统的运行机制,此机制以人生存与生活所需要的生产生活资料为出发点与归宿。出发点指的是生产生活资料是当地人生产生活最为重要的资源,也是人一生中都在为之奋斗的资源,道德选择以此为出发点展开,最终也回到生产生活资源上。可以说L村寨传统的所有的道德行为都离不开生产生活,道德机制一直为生产生活资料的获得服务。改革开放改变了L村寨的经济基础,人们不再完全依赖自然环境获得生产生活资料,因此传统道德的失效成为必然。传统道德的失效与新道德体系的缺位促使L村寨社会不能正常运行,因此借鉴传统的道德作用机理,重建现代道德运行的实践机制是L村寨道德建设的必然路径。

(一) 明确道德建设目标

道德本身含有价值判断，价值判断是道德存在的根本要素，离开价值判断的道德是不存在的。目标和价值之间相互依存，为体现其价值而要做的事即目标。笔者主要从传统道德因素、政策因素与现实因素三个方面思考。传统L村寨具有约定俗成的不言自明的目标，即维持社会健康与正常运行。乡村振兴系列政策提出了产业兴旺、生态宜居、乡风文明、治理有效、生活富裕的总要求，每种要求的落实都离不开道德的保驾护航。与传统道德的影响力相比，L村寨现有的道德滑坡现象严重，急需建立新的道德体系维持社会的正常运行。L村寨的道德建设目标可分为表层目标与深层目标，表层目标是营造良好的社会风气与建立有效的社会秩序，深层目标是为民众谋幸福。简言之，为民众在新时代能获得新的幸福感，道德建设需以民众的幸福为终极导向，建设良好的乡风与社会秩序。只有这样，道德建设目标才能与人的生产生活实际密切联系，也有助于目的的"落地"。此外，道德建设目标的设计要具有可操作性和激励性，目标表述要让村民易于理解，能帮助其勾画美好生活蓝图，这有助于引导村民积极参与乡村道德建设。

(二) 确定道德内容

道德规范即道德内容，由于道德内容更多是以规范的形式呈现，也称之为道德规范。道德规范的制定以道德目标为基础展开，致力于解决L村寨的实际问题。在具体内容制定的过程中需以问题为导向，深度挖掘村寨存在的现实问题或未来可能出现的问题，借鉴传统的道德规范确定现代道德规范。例如，L村寨当前社会问题中较为严重的问题包括留守儿童与老人的问题，集体责任感缺失问题与社会风气滑坡问题。留守老人现象在L村寨极为普遍，因此需要围绕留守老人建立子女与老人、老人与老人以及社会与老人之间的道德规范,从心理上给老人以安慰,从物质上给老人以帮助。留守儿童问题是L村寨仅次于留守老人的问题,留守儿童自身的道德规范,其监护人的道德规范以及社会对待留守儿童的道德规范是关于留守儿童的道德内容。社会责任感缺乏是乡村建设面临的重要问题,主要表现为私心的膨胀与公心的减退。因此道德建设需要从社会整体的视角展开,倡导集体主义精神,该付出则付出,该收获则收获,在实践中提升村民的社会责任感。社会风气问题主要表现在赌博之风盛行与攀比导向扭曲,前者主要表现为常住人员在村庄常设小赌场与红白喜事等酒席期间通宵赌博,后者主要表现为比谁的房屋修得大与漂亮。因此道德规范需要从遏止赌博之风与攀比之风着手,引导人们树立正确的价值观。总体而言,道德规范的设定要与具体的建设任务有机衔接,这样才能深入人心。

(三)探索有效的道德传播方法

道德规范只是停留在纸质层面,其作用的发挥需要被村民所接受并内化,否则其无法起到实质性的作用。道德规范的实践需要建立完善的实施体系,首先通过手册、微信、抖音与广播等形式将道德规范快速散播给村民,营造新时代道德建设的积极氛围。接着收集与村民生产生活极为接近的道德案例,利用村民的猎奇心理在村民中快速散播,增进村民对道德规范的理解。深度挖掘村民中积极的道德案例进行奖励并予以宣传,同时对村民中违反道德的行为进行教育或惩罚,以合适的方式让村民知晓。此外,将村民道德规范制作成海报或宣传标语,贴在村里显眼之处或者写在路边,这样既有助于道德氛围的营造,也能及时提醒村民自己的行为导向。总体而言,道德本身属于抽象层面的内容,单纯的说教难以让民众内化,所以需要结合现代生产生活实际创建道德载体,将方法与载体有机衔接,这样才能提升道德传播的实效性。

(四)制定道德引导和约束机制

道德管理制度主要指道德行为管理制度，制度的目的是维护道德的正常运行。回顾L村寨传统的道德运行，尽管其不存在成文的道德管理制度，但是却存在约定俗成的类似于制度的惩处规则。舆论谴责、家族内部处罚以及社会给行为责任者甚至家族成员带来的后续的隐性处罚，还有来自神灵的心灵惩罚都属于制度的范畴。新时代的道德建设也需要建立道德制度。一是建立道德诚信积累制度。隐性和显性惩罚是传统道德生效的有效方法，因此现代道德也需建立类似的惩罚和引导机制，尤其把村民最关心的问题与之有机衔接起来。笔者认为可尝试探索道德诚信积累制度。道德与现代社会保障、医疗保障与出行保障衔接，守德者即获得保障，不守德者即失去保障。多年守德或主动承担道德监督义务者即给予相应的物质、精神或其他社会福利性奖励，长期不道德且经多次劝导并无悔改者可适当剥夺其相应的社会福利。二是建立道德的社会监督制度。建立相互监督的道德制度，鼓励村民主动监督他人的道德行为，并对监督者予以奖励。同时开展乡村道德楷模评选活动，逐步引导村民接受现代道德规范。三是建立舆论监督制度。L村寨人都很爱自己的"面子"，而舆论是成就面子与挫败面子的利器，因此需要建立现代舆论监督制度，以提升道德水平。

三、重创乡村道德的实践载体

传统道德深度融于生产活动、祭祀活动、人生礼仪与休闲娱乐等活动中，这样的道德脱离了枯燥的教条，有了丰满的道德"血肉"。因此道德才有了实践的指向，真正发挥着指引村民道德行为的作用。新时代道德的建设同样可借鉴传统的道德实践方式，构建符合时代特点的且深度融入居民生产生活的现代道德实践载体，将现代道德与居民的生产生活实践深度融合，推动村民过有德行的生活。

（一）建立现代职业道德实践载体

传统L村寨人的职业道德主要针对自然，因为务农是其主要的职业，对象是自然环境。自然相当于"奶娘"，人们只有遵循自然之德，尊崇与敬畏自然，自然才能持续"供奶"。现代经济的发展使得L村寨人的生产活动已渐渐远离自然，即使部分人仍依托自然为生，但已开始成为农业产业化工人，生产性质与外出务工人员一样都是给人"打工"。打工的目的是获得经济来源以维持日常的花销，因此村寨需要建立以职业为基础的现代道德实践载体。一是调查总结人们现有的职业类型；二是针对具体的职业建立相应的道德规范；三是对道德规范进行培养培训，让其知晓道德在职业中的重要性以及道德与经济收益的关系；四是建立职业道德交流群，人们可在群里相互提醒与监督，确保职业道德能落到实处。

（二）建立现代人生礼仪道德实践载体

传统人生礼仪中的道德通常以仪式本身、仪式专用语以及神灵祭祀等形式呈现。人生礼仪本身对于礼仪主体而言就是道德洗礼的过程，让主体产生道德上的蜕变。对于参与者而言，现场的氛围熏陶以及对主体行为评判本身也在强化其道德认识。在人生礼仪现场，参与者都受到道德影响，在此意义上人生礼仪本身就是道德教育过程。现代L村寨人对人生礼仪自身环节的重视程度有所降低，而对人生礼仪带来的经济收益的关注度大幅提升。由于传统人生礼仪的确与现代人的人生观、价值观以及审美观存在差异，所以不能把现代道德规范融于传统人生礼仪中并强加执行，而需结合现代人对人生礼仪的认识，对人生礼仪进行现代性改造，把现代道德规范融于其中，让人生礼仪回归到原本的道德礼仪。如过关礼仪可把其中部分表演的内容结合当前农村实际故事与案例进行改造，增加道德元素。由于现代人对过关礼本身的信仰程度有所降低，因此也需增加仪式的娱乐性，通过娱乐性增强仪式的教育性。又如现代的寿礼为增加喜庆人们也会请人表演节目，村支委可先对节目的内容进行审核并要求增加道德教育性，同时也倡导村民现场表演具有道德性的节目，既可以增强仪式的娱乐性也可以增强教育性。

（三）创建现代休闲娱乐载体

休闲娱乐对于人而言尤为重要，既可打发时间，也有助于丰富生活与调节心情。传统L村寨因不通电无法看电视，也无任何通信设施设备，村民的休闲娱乐方式主要是串门拉家常、下象棋、看傩戏，春节期间的娱乐还增加了"耍花灯"与"耍狮子"。科技发展丰富了村民的休闲娱乐生活，村民闲暇之余可以看电视、电影，玩手机游戏、玩抖音、打麻将与赌金花等。对比新旧两类娱乐方式我们发现，传统娱乐方式是人与人的集体性娱乐，熟人之间的休闲娱乐有助于情感的交流，也有助于增进人与人之间的道德沟通。现代娱乐主要分为虚拟娱乐与集体性娱乐，虚拟娱乐是人机娱乐，缺少人与人之间的交流，现代集体性娱乐主要是以"钱"为依托的赌博活动，两者都缺少道德性交流。尽管传统娱乐在现代社会仍旧存在，但其德育性减弱，甚至沦为纯粹的形式。

乡村道德建设需要建立现代性的道德实践载体。一是结合居民现代生产生活改造传统的娱乐方式。L村寨30岁以上的人基本都在传统社会娱乐方式的熏陶中成长，他们与传统的休闲娱乐方式仍有情感联系，因此借鉴传统休闲娱乐的载体，融入现代道德元素，可尝试对其进行内容与形式上的改造。二是参照现代城市人休闲娱乐的方式，引进部分城市人休闲娱乐的种类，如广场舞、棋牌游戏以及球类运动等。当然，可以以村支委办公场所为依托，配齐相应的休闲娱乐设施设备。三是抖音正在成为村寨男女老少热衷的事物,人们既可以通过抖音展示自己的才华,也可以从中学习新的东西,因此可以充分利用现代乡村人常用的微信与抖音等平台,在其中融入现代道德内容,引导其成为现代的道德教育载体。

四、重培重组现代乡村贤能

乡村贤能既是乡村脱贫致富的带头人与模范,也是乡村道德的引领者与监督者。笔者已分析过现代 L 村寨面临着道德贤能缺位的困境,现有的有资格担任乡贤的人因乡村发展空间小都外出务工或经商,留下的有可能成为乡贤的人要么私心太重,要么地方势力偏弱。私心太重导致其总想以权谋私,势力偏弱导致其会受到乡村中某些家族势力的打压。尽管困难重重,但现代乡村道德建设必须选择或培育现代乡村贤能,否则乡村在发展过程中会失去凝聚力与方向。结合传统乡贤的特点与现代乡村建设的需求,现代乡贤培育可从下列三方面展开。

(一)确立乡村贤能的培育人选

传统的乡贤不是村民选举的,而是基于家族势力、经济条件与道德品质的自然生成。家族势力可维持其权威地位,通常无人敢无事生非,无理取闹。经济条件较好可避免其为追求经济利益而以权谋私、贪污受贿。道德品质好会让村民从心底真正佩服并服从。现代乡贤人选的确定也可参考传统乡贤的生成标准,但可适当弱化家族势力。现代的家族势力在乡村尽管仍具有较强的影响力,但其影响力正在被经济条件与道德品质抵消。原因在于行政的力量已深度介入村寨中,法治思想也开始扎根于村民心中,"拳头"决定话语权的时代在 L 村寨片区发展的过程中已渐行渐远。在此意义上,乡贤人选重点是在乡村长期居住并具有相对固定收入来源的村民。如乡村技术人员、农业产业化项目的负责人或者

237

从事商业经营的人员。此类人员有相对固定的收入,通常与村民之间也存在良好的关系,因此他们有可能成为合格的乡村贤能。也可以从当地的中小学教师队伍中选择乡村贤能培育人选,乡村教师的身份能让村民认同,同时他们也具有稳定的收入来源,并且按照现代乡村振兴战略的要求,他们理应承担乡村建设的责任,肩负乡村建设的使命,因此条件成熟的情况下可从乡村教师队伍中选择现代乡贤。

(二)培养现代乡村贤能

传统村寨中,家族势力、经济条件与道德品质是传统乡村贤能必备的要求,缺少任何要素的人都不可能成为土家族村寨的乡村贤能。由于弱化了家族势力,因此乡村贤能的培养主要从经济与道德品质两方面展开。在经济方面,地方政府需要为未来乡村贤能提供更多的发展机遇,通过构建发展平台提升其经济实力,这样他们才能安心扎根于乡村并成为乡村致富的模范与带头人。在道德品质方面,需要通过外出培训,参加地方政府会议的形式促使其熟悉国家的政策导向,明白新时代乡村贤能的历史使命与责任。此外,结合地方实际给予其乡村贤能的头衔,当相应的头衔被赋予以后,他们能在头衔的"光环下"关注自己的形象,履行自己的责任,自觉提升自己的道德修养。

(三)建立现代乡贤组织

乌江流域的土家族地区自然资源贫瘠,其已有的条件无法滋养有可能成为乡贤的所有人,因此很多村民中的精英常年在外务工,但其仍心系家乡,也乐于参与家乡的建设。为充分发挥他们的力量,可以建立以常驻的乡贤为主导,外出务工、经商与工作人员(公务员、企事业单位人员)参与的乡贤协会。长居乡村的乡贤成为现代乡贤协会的组织者,对内引领村民积极参与现代乡村建设,对外则组织在外乡贤的资源,引导其积极为家乡建设服务。建立相对完善的乡村协会工作引导和约束机制，一方面引导其积极为乡村建设出资出力，另一方面需引导其不能为自己或家族的私利而损人利己，避免前文中提到的某高校老师写材料举报拆除生机现象的出现。

参考文献

[1] 杨荣国. 中国古代思想史［M］. 北京：人民出版社，1973.

[2] 王树人，李凤鸣. 西方著名哲学家评传：第五卷［M］. 济南：山东人民出版社，1984.

[3] 汉语大字典编辑委员会. 汉语大字典［M］. 成都：四川辞书出版社，武汉：湖北辞书出版社，1987.

[4] ［美］弗姆. 道德百科全书［M］. 戴杨毅等，译. 长沙：湖南人民出版社，1988.

[5] 滕大春. 外国教育通史：第一卷［M］. 济南：山东教育出版社，1988.

[6] 滕大春. 外国教育通史：第二卷［M］. 济南：山东教育出版社，1988.

[7] 滕大春. 外国教育通史：第三卷［M］. 济南：山东教育出版社，1988.

[8] 毛泽东. 毛泽东选集：第二卷［M］. 北京：人民出版社，1991.

[9] ［英］泰勒. 人类学——人及其文化研究［M］. 连树声，译. 上海：上海文艺出版社，1993.

[10] 邓小平. 邓小平文选：第二卷［M］. 北京：人民出版

社，1994.

[11] 梁海明. 老子［M］. 沈阳：辽宁民族出版社，1996.

[12] 孙培青，任钟印. 中外教育比较史纲：古代卷［M］. 济南：山东教育出版社，1997.

[13] ［英］洛克. 教育漫话［M］. 徐诚，杨汉麟，译. 石家庄：河北人民出版社，1998.

[14] 周兴茂. 土家族的传统道德与现代转型［M］. 北京：中央民族大学出版社，1999.

[15] 吴式颖，任钟印. 外国教育思想通史：第二卷［M］. 长沙：湖南教育出版社，2000.

[16] ［德］赫尔巴特. 普通教育学·教育学讲授纲要［M］. 李其龙，译. 杭州：浙江教育出版社，2002.

[17] 柴焕波. 武陵山区古代文化概论［M］. 长沙：岳麓书社，2004.

[18] ［英］弗兰克尔. 道德的基础［M］. 王雪梅，译. 北京：国际文化出版公司，2006.

[19] ［英］汤因比. 历史研究：上卷［M］. 郭小凌等，译. 上海：上海世纪出版集团，2009.

[20] 汪宁生. 文化人类学专题研究关于母系社会及其他［M］. 兰州：敦煌文艺出版社，2007.

[21] 荀子［M］. 安小兰，译注. 北京：中华书局，2007.

[22] 老子［M］. 饶尚宽，译注. 北京：中华书局，2007.

[23] 颜氏家训［M］. 檀作文，译注. 北京：中华书局，2007.

[24] ［法］卢梭. 爱弥儿［M］. 李平沤，译. 北京：北京出版社，2008.

［25］土家族简史编写组. 土家族简史［M］. 修订本. 北京：民族出版社，2009.

［26］郑天挺，谭其骧. 中国历史大辞典Ⅰ［M］. 上海：上海辞书出版社，2010.

［27］张岱年. 中国哲学大辞典［M］. 上海：上海辞书出版社，2010.

［28］李健. 现代管理学基础［M］. 大连：东北财经大学出版社，2011.

［29］费孝通. 乡土中国·生育制度·乡土重建［M］. 北京：商务印书馆，2011.

［30］张宽政. 人性论［M］. 北京：线装书局，2013.

［31］［英］马尔萨斯. 人口原理［M］. 陈小白，译. 北京：华夏出版社，2013.

［32］索晓霞. 传承与超越：对少数民族文化的理性之思［M］. 贵阳：贵州人民出版社，2015.

［33］铜仁地区通志编纂委员会. 铜仁地区通志：第五卷（文化）［M］. 北京：方志出版社，2015.

［34］［英］达尔文. 人类的由来：上册［M］. 潘光旦，胡寿文，译. 北京：商务印书馆，2017.

［35］万国鼎. 中国制度史［M］. 北京：商务印书馆，2017.

［36］许富宏. 吕氏春秋鉴赏辞典［M］. 上海：上海辞书出版社，2017.

［37］［英］斯密. 道德情操论［M］. 北京：华龄出版社，2018.

［38］余文武. 民间伦理共同体研究［M］. 武汉：武汉大学出版社，2018.

[39] 龚义龙,王希辉.武陵山区历史移民与民族关系研究[M].北京:民族出版社,2018.

[40] 王延中.中国民族地区全面小康社会建设研究[M].北京:中国社会科学出版社,2018.

[41] 杨智.乡村社区教育组织引论[M].北京:中国社会科学出版社,2019.

[42] 庞思纯,徐华健.历史视野下的黔赣文化[M].贵阳:贵州人民出版社,2019.

[43] 四书五经:全本全注全译大字本[M].郭丹等,译注.北京:中华书局,2019.

[44] 论衡[M].高苏垣,选注.岳海燕,校订.北京:商务印书馆,2020.

[45] 宋仕平.土家族传统制度文化研究[D].兰州:兰州大学,2006.

[46] 谭志国.土家族非物质文化遗产保护与开发研究[D].武汉:中南民族大学,2011.

[47] 杨润.明清武陵地区赶苗拓业研究[D].重庆:西南大学,2016.

[48] 高旭平.涂尔干道德社会学思想简略评介[J].山东师范大学学报(社会科学版),1987(02):46-49.

[49] 张军,孙宁.试论亚当·斯密的人性观[J].武汉大学学报(哲学社会科学版),1995(02):62-67.

[50] 曹毅.土家族的丧葬习俗及其文化内涵[J].湖北民族学院学报(社会科学版),1997(01):36-38,46.

[51] 叶澜.试析中国当代道德教育内容的基础性构成[J].教育

研究，2001（09）：3-7.

[52] 段超. 试论改土归流后土家族地区的开发 [J]. 民族研究，2001（04）：95-103，110.

[53] 彭林绪. 土家族婚姻习俗的嬗变 [J]. 湖北民族学院学报（哲学社会科学版），2001（02）：38-46.

[54] 段超. 改土归流后汉文化在土家族地区的传播及其影响 [J]. 中南民族大学学报（人文社会科学版），2004（06）：43-47.

[55] 东人达. 明清"赶苗拓业"事件探究 [J]. 贵州民族研究，2006（06）：128-133.

[56] 杨宗红. 论土家族哭嫁歌的孝道内涵 [J]. 贵州民族研究，2006（05）：105-110.

[57] 湛玉书，李良品. 乌江流域土家族地区土司时期教育的类型、特点及影响 [J]. 教育评论，2006（01）：89-93.

[58] 鲁芳. 新中国成立以来的社会变迁与道德生活之变化 [J]. 湖南师范大学社会科学学报，2009（05）：21-24.

[59] 柴文华. 中国伦理道德的历史变迁 [J]. 时事报告（大学生版），2011（02）：107-109.

[60] 杨海秀. 民国时期三大伦理思潮"本根"意识之比较及其现代启示 [J]. 广西社会科学，2016（02）：51-57.

[61] 向轼，莫代山. 论明代土家族"土兵"在抗倭斗争中的军事贡献 [J]. 长江师范学院学报，2016（01）：15-21，141.

[62] 张承嘉. 浅析重庆秀山县土家族花灯的保护与传承 [J]. 戏剧家，2019（03）：65，67.

[63] 李重新. 文化自信视阈下少数民族文化符号的思想政治教育价值探析——以恩施土家族苗族自治州为例 [J]. 集宁师范学院学报，

2018（05）：50-54.

［64］付晓容.夸美纽斯德育思想及其对新时代学校德育的启示［J］.中国德育，2018（14）：20-23.

［65］黄云明.马克思劳动哲学视域下的道德起源论［J］.湖北大学学报（哲学社会科学版），2021（03）：31-38，176.